닐스보어

Suspended in Language
: Niels Bohr's life, discoveries, and the century he shaped

Story © 2004 Jim Ottaviani, Art © 2004 Leland Purvis, Jay Hosler, Roger Langridge, Steve Leialoha, Linda Medley, and Jeff Parker.

Korean Translation © 2015 Green Knowledge Publishing Co.
Arranged through Icarias Agency, Seoul, Korea.

닐 스 보 어

20세기 양자역학의 역사를 연 천재

글 짐 오타비아니 | 그림 릴런드 퍼비스
옮김 김소정 | 감수 이강환

제이 호슬러, 스티브 레이알로하,
린다 메들리, 제프 파커와 함께 쓰고 그림

푸른
지식

새로운 과학과 열린 세계를 꿈꾸었던 양자역학의 아버지

이강환

닐스 보어는 1885년 덴마크 코펜하겐에서 태어났다. 1900년대 초반 보어가 코펜하겐대학에 입학하여 물리학을 공부하는 동안 배운 것은 아마 지금 중고등학교에서 주로 배우고 있는 고전물리학이었을 것이다. 뉴턴 역학은 물체의 움직임을 완벽하게 이해할 수 있게 해주었고, 전자기학은 맥스웰이 완성한 훌륭한 이론체계로 너무나 잘 설명되고 있었다. 보어가 50년만 더 일찍 태어났더라면 어쩌면 새로운 과학의 탄생을 경험하지 못했을지도 모를 일이다. 하지만 보어가 활동하던 시기는 과학 역사에서 가장 혁명적인 변화가 일어나고 있던 시기였다. 그리고 보어는 뛰어난 통찰력과 훌륭한 자세로 과학 혁명의 중심 역할을 멋지게 수행해냈다.

한걸음 더 나아간 물리학을 위한 혼란의 시대

뉴턴역학과 맥스웰의 전자기학으로 대표되는 고전물리학과 대비되는 현대물리학의 두 축은 상대성이론과 양자역학이다. 1915년에 아인슈타인이 발표한 일반상대성이론은 이미 완벽한 이론의 모습을 갖추고 있었다. 남은 것은 검증과 응용뿐이었다. 상대성이론은 사실상 아인슈타인이 혼자서 완성한 이론이라고 할 수 있다. 하지만 양자역학은 그렇지 않다. 양자역학의 완성을 위해서는 많은 뛰어난 과학자들의 역할이 필요했다. 그만큼 쉽게 이해할 수 있는 내용도 아니다. 물리학자인 리처드 파인만은 "이 세상에 양자역학을 정확히 이해하는 사람은 단한 명도 없다"라고 말하기도 했다.

코펜하겐대학에서 박사학위를 받은 보어는 당시 물리학의 중심지였던 영국으로 갔다. 처음에는 전자를 발견한 J. J. 톰슨과 함께 연구하기 위해서 케임브리지로 갔지만 곧 맨체스터로 옮겼다. 맨체스터에는 원자핵을 발견하여 새로운 원자모형을 제시한 어니스트 러더퍼드가 있었다. 러더퍼드의 원자모형은 중심부에 원자핵이 있고 전자가 그 주위를 돌고 있는 모습이다. 이 모습은 현재도 많은 사람들의 머릿속에 원자를 상징하는 모습으로 남아 있다. 그런데 러더퍼드의 원자모형에는 중요한 문제가 있었다. 회전하는 원운동은 중심에서 힘을 받는 가속 운동이다. 가속하는 전자는 전자기파를 방출하면서 에너지를 잃어버리게 된다. 그러므로 원자핵 주위를 도는 전자는 에너지를 잃고 원자핵으로 끌려들어가 붕괴할 수밖에 없다.

보어는 이 문제를 해결하기 위해서 새로운 원자모형을 제안했다. 원자핵의 주위를 도는 전자는 특정한 궤도에만 존재할 수 있고, 그 궤도에 있을 때는 에너지를 잃어버리지 않는다. 그리고 다른 궤도로 옮겨갈 때는 그 궤도 차이에 해당하는 에너지를 얻거나 잃어버린다. 그러므로 전자가 얻거나 잃어버리는 에너지는 연속적인 에너지가 아니라 양자화되어 있는 불연속적인 에너지이다.

양자역학의 산실, 코펜하겐 연구소

에너지가 불연속적이라는 생각은 빛의 스펙트럼을 설명하기 위해서 1900년에 막스 플랑크가 처음으로 제안한 것이다. 1905년 아인슈타인은 특수상대성이론과 함께 빛이 불연속적인 입자로 이루어져 있다는 광양자이론을 발표했다. 보어는 이들의 양자이론을 이용하여 원자의 안정성과 스펙트럼을 멋지게 설명해 냈다.

그의 원자모형은 앞으로 나오게 될 양자역학을 고전역학의 관점에서 이해할 수 있는 획기적인 것이었다. 전자의 에너지 준위가 양자화되어 있다는 것은 양자역학적인 관점이지만 그것을 기술하는 방식은 고전역학의 방정식을 이용하였다. 그것은 당시의 과학자들이 쉽게 이해하고 받아들일 수 있는 것이었다. 그리고 그의 모형은 원자의 구조를 이해하는 중요한 예시로 지금까지도 대부분의 과학 교과서에 실려 있다.

보어는 그 업적으로 1922년 노벨물리학상을 수상했고, 덴마크의 코펜하겐에 이론물리연구소를 세울 수 있었다. 보어의 이론은 새로운 과학인 양자역학의 출발점이 되었고 물리학의 변방이었던 덴마크 코펜하겐의 이론물리연구소는 그 중심지가 되었다. 세계 각지의 뛰어난 젊은 물리학자들은 보어의 연구소를 방문하여 연구하는 것이 통과의례처럼 되었고 이들은 훗날 '코펜하겐 학파'로 불리게 된다. 슈뢰딩거와 함께 양자역학을 완성했다고 평가받는 베르너 하이젠베르크의 연구 업적도 모두 보어에 연구소에 있을 때 이룬 업적이다.

보어는 하이젠베르크, 막스 보른과 함께 양자역학의 이론들을 해석하여 발표하였는데, 이것은 '코펜하겐 해석'이라는 이름으로 현재까지도 직관적으로 이해하기 힘든 양자역학에 대한 가장 정통한 해석으로 인정받고 있다. 하지만 양자를 처음 제안한 플랑크, 광전효과를 발견한 아인슈타인, 그리고 양자역학을 완성한 슈뢰딩거는 이들의 해석을 끝까지 받아들이지 않았다. 특히 아인슈타인은 보어와 만날 때마다 이에 대해 열띤 논쟁을 벌였다고 한다. 하지만 결과적으로 이러한 과정 모두 양자역학의 이론을 탄탄하게 만드는 데 중요한 역할을 했다.

양자역학의 역사 속에 영원히 잠들다

보어의 연구소는 1930년대 나치를 피해온 유대계 물리학자들의 피난처가 되기도 했고, 보어는 2차 대전 중에 핵무기의 사용을 막기 위해 많은 노력을 했다. 2차 대전이 끝난 뒤에는 무너진 유럽의 물리학을 재건하는 데 열심이었고 현재 물리학에서 중심적인 역할을 하고 있는 유럽입자물리연구소(CERN)를 세우는 데도 큰 역할을 했다.

보어의 원자모형은 이해하기가 쉽기 때문에 지금도 교과서에까지 소개되어 있을 정도로 유명하지만 사실은 양자역학의 관점에서 보면 틀린 이론이다. 하지만 보어는 자신의 이론이 틀렸다는 사실을 밝힌 후배 과학자들을 적극 지지했고 새로운 이론을 전파하는 데 최선의 노력을 다했다.

컴퓨터를 포함한 현대 과학기술의 성과들은 양자역학이 없었다면 불가능한 것이었다. 보어는 세상을 보는 새로운 관점의 기초를 세웠고, 자신의 이론에 얽매이지 않고 열린 마음으로 새 이론을 받아들여 새로운 세상을 여는 선구자가 되었다. 보어는 1962년 세상을 떠날 때까지 평화로운 세상을 위해 노력하였고, 1965년 보어 탄생 80주년을 맞아 코펜하겐대학교의 이론물리연구소는 '닐스보어연구소'로 이름을 바꾸었다.

닐스 보어는 현대물리학의 양대 기둥 중 하나인 양자역학의 등장에 큰 역할을 했음에도 우리나라에는 다른 과학자들에 비해 대중적으로 많이 알려져 있지 않다. 이 책은 그동안 주로 하이젠베르크나 슈뢰딩거를 중심으로 소개한 양자역학 책들과는 달리 이들에게 큰 영향을 미친 닐스 보어의 삶과 업적을 주로 다루고 있다.

보어의 원자 모형은 현대 물리학의 관점에서 맞지 않는 부분도 있었으나 양자역학의 토대가 되었고, 보어의 삶을 이해하는 것은 현대과학에 대해 제대로 이해하는 데 좋은 출발점이 될 것이다.

감수 및 추천 이강환

서울대학교 천문학과를 졸업하고 같은 대학원에서 천문학 박사 학위를 받은 뒤, 영국 켄트대학에서 로열소사이어티 펠로우로 연구를 수행했다. 현재 국립과천과학관에 재직하면서 천문 분야와 관련된 시설 운영과 프로그램 개발을 담당하고 있다. 저서 『우주의 끝을 찾아서』가 있고, 옮긴 책으로 '신기한 스쿨버스' 시리즈와 『세상은 어떻게 시작되었는가』, 『우리는 모두 외계인이다』(공역), 『우리 안의 우주』등이 있다.

차례

참고 자료

*편집자주
– 각주는 옮긴이주이며 그외 감수자의 설명이 들어간 부분은 '감수자주'라고 표기했다.

무대에 오르다

닐스 보어는 상대방과 의견이 다를 때는
그것도 조금 다른 정도가 아니라 정말로 상대가 멍청하다고 생각할 때는,
아주 강하게 표현한다.

아주 강한 게 저 정도라고? 그래, 정말이다. 보어는 어렸을 때부터 아주 다루기 어려운 아이였다. 평생 우애가 깊었던 동생 하랄에게도 예외가 아니었다. 어렸을 때 두 사람은 짓궂은 말로 서로 약 올리는 놀이를 자주 했다.

하지만 닐스는 항상 자기가 이길 것으로 생각했다.

1) Poul Martin Møller, 덴마크의 최초 현대 소설인 『한 덴마크 학생의 모험(En Dansk Students Eventyr)』을 쓴 소설가.

보어는 평생 힘이 장사였지만, 초등학교를 졸업한 뒤로는 철학적 견해의 차이를 좁히는 데 그 힘을 쓰지 않았다.
어쨌거나 보어는 덴마크 사람들 표현대로 '천정까지 높이 솟은' 집안에서 태어났다.

엘렌 보어

크리스티안 보어

1881년

사회적으로나
지적으로나 뛰어난
보어 집안은 정말
대단한 가문이었다.

보어의 어머니 엘렌은 아이들에게 사람은 누구나 선하고 호기심이 가득하다는 사실을 알려주었고,
대학교수이자 의사인 아버지 크리스티안은 아이들에게 과학의 즐거움을 알려주었다. 부모와 함께 토론하고
의견을 나누는 것이 보어가(家) 아이들에게는 중요한 일과였다.

두 사람의 장남인
닐스 헨리크 다비드 보어[2]는
1885년 10월 7일에 태어났다.

닐스에게는 두 살 위인 누나와 두 살 아래인
동생 하랄 아우구스트가 있다.

2) Niels Henrik David Bohr.

닐스는 평생 덴마크에서 살며 활동했다. 『안데르센 동화집』을 쓴 덴마크 작가 한스 크리스티안 안데르센처럼
닐스 보어도 이렇게 말할 수 있다.

"나는 덴마크에서 태어났지.
덴마크에 우리 집이 있으니까.
덴마크는 나의 뿌리이고,
덴마크에서 내 세계는 넓어졌어."

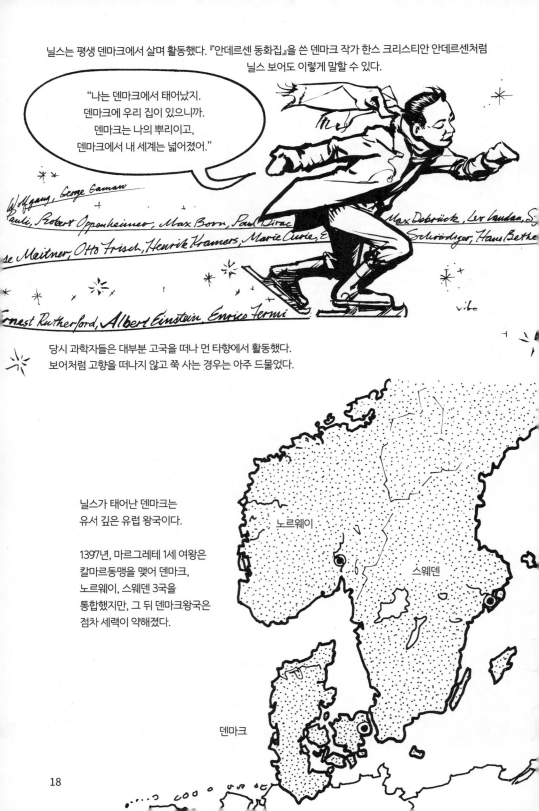

Wolfgang, George Gamow
Pauli, Robert Oppenheimer, Max Born, Paul Dirac   Max Debrück, Lev Landau, Sy
se Meitner, Otto Frisch, Henrik Kramers, Marie Curie, E   Schrödinger, Hans Bethe
rnest Rutherford, Albert Einstein, Enrico Fermi

당시 과학자들은 대부분 고국을 떠나 먼 타향에서 활동했다.
보어처럼 고향을 떠나지 않고 쭉 사는 경우는 아주 드물었다.

닐스가 태어난 덴마크는
유서 깊은 유럽 왕국이다.

1397년, 마르그레테 1세 여왕은
칼마르동맹을 맺어 덴마크,
노르웨이, 스웨덴 3국을
통합했지만, 그 뒤 덴마크왕국은
점차 세력이 약해졌다.

노르웨이

스웨덴

덴마크

1523년에 스웨덴이
동맹에서 탈퇴했고, 그 뒤
덴마크와 전쟁을 벌였다.
그 때문에 덴마크의 영토는
더욱 줄어들었다.

1814년에는 노르웨이가
동맹에서 탈퇴했다.

1864년에 덴마크는 사람이
살지 않는 그린란드를 제외한
남은 영토의 3분의 1가량 잃었고,
오토 폰 비스마르크³⁾가 독일연방을
세우고자 쳐들어왔을 때는
인구가 3분의 2 정도로 줄었다.

3) 근세 독일의 정치가로 프로이센 제국의 수상이었다. '철혈 재상'이라는 별명이 있다.

그러니까 지금 닐스 보어가, 공식적으로 인정받기 전까지 20년 동안 국제사회에서 계속 참담하게 패하기만 한 작고 비참한 국가에서 태어났다는 것인가?

이런 철학적이고 정치적인 대사는 덴마크에서 가장 유명한 왕자에게나 어울리는 말이지 현실에 적용할 수 있는 말은 아니었다.

결국 덴마크는
세계 정치라는
중심 무대에서
내려와야 했다.

1885년에는 빅토리아 여왕이 여전히 영국을 통치했고, 닐스가 살아가는 동안 세상을 좌지우지할 정치인들 역시 아주 어렸다. 히틀러나 마오쩌둥, 히로히토 일왕은 아직 태어나지도 않았다.

예술 분야도 아주 재미있는 시기였다.

정치는 됐어!

"왕은 거의 모두 악당이야!"

닐스가 태어나기 1년 전에 출간된 『허클베리 핀의 모험』에 나오는 말이다.

앞으로 닐스 보어가 좋아하게 될 작품을 많이 쓴 마크 트웨인은 그때가 전성기였다. 오스카 와일드도 마찬가지다.

정글 북

풀잎

진지함의 중요성

모비딕

멜빌과 휘트먼도 여전히 활동하고 있었고, 키플링도 두각을 나타내기 시작했다.

이제 곧 전성기에 접어들 예술가도 많았다.

H.G. 웰스는 열아홉 살, 로버트 프로스트는 열한 살, 제임스 조이스는 세 살, 카프카는 두 살, 프랭크 로이드 라이트는 열여섯 살이었다.

아직 아주 유명해질 작품을 완성하지는 못했지만 차이콥스키도 여전히 곡을 발표했고, 드보르자크, 브람스, 베르디, 길버트와 설리번4)이 모두 활발하게 작곡 활동을 했다.

4) Gilbert & Sullivan, 빅토리아 시대 오페라 작곡가 'W. S. 길버트와 아서 설리번'을 함께 부르는 명칭.

시각적 관점에서 보면
20세기 초는 동양 예술이
서양 예술에 영향을 미치기
시작한 시기라고 할 수 있다.

드가, 모네, 세잔 같은 인상파 화가들과……

로댕이 활동했다.

그러나 잭슨 폴록, 조지아 오키프,
노먼 록웰 같은 작가는 아직 태어나지도 않았고,
피카소는 고작 네 살이었다.

나도 이때는 양쪽 귀가
모두 있었지!

따라서 동료들이 뒤에서 '원자물리학의 교황'이라고 불렀던 완벽한
근대인은 중국인이 '흥미로운 시대'라고 부른 시기에 태어나
77년 뒤에 자신이 남겨 놓고 떠날 세계와는 전적으로 다른 세계로
들어갔다.

영화

사라 베르나르

닐스가 어렸을 때는 코펜하겐 거리를 달리는 자동차도, 머리 위를 나는
비행기도 없었다.

뤼미에르 형제가 촬영기를 발명한 것은
1895년이므로 당연히 영화도 없었다.

휴대전화와 CD도 없었다. 전화기는 불과 9년 전에 발명되었고, 전축도 이제 막 등장했을 뿐이다.
하지만 그들의 아버지 덕분에 감사하게도 닐스와 하랄은 세계 대부분 지역에서 '풋볼'이라고 불리던,
축구는 할 수 있었다.

크리스티안 보어 교수는 코펜하겐대학에서
아카데미스크 볼크룹 축구단을 만들었고,
닐스 형제는 그 축구단에 들어갔다. 닐스는
수비를 맡았는데…….

1908년에 덴마크 올림픽 축구 대표단을 이끌고 은메달을 따는 쾌거를 올렸다.

하랄은 닐스를 앞서는 것처럼 보일 때가 많았다. 석사 학위 논문도 형보다 훨씬 빨리 썼다.*

사교성도 좋아서 당연히 성공할 수밖에 없었다.

*하지만 닐스도 열등생은 아니다. 279쪽 '외전' 편에 닐스가 늦게 졸업한 이유가 나온다.

고전물리학을 뒤로 하고

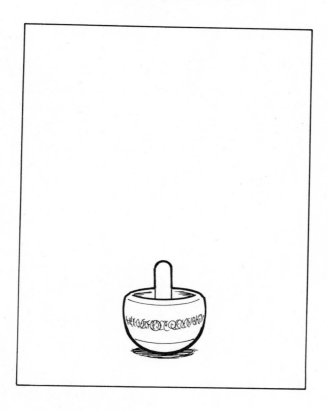

닐스는 평생 빨리 생각하고 판단하는 데는 소질이 없었다. 석사 학위도 2년 늦게 태어난 동생이 먼저 땄다.

하지만 어렸을 때부터 집중력은 정말 끝내줬어요.

"'임금님은 벌거숭이래요.' 어린 소년이 외쳤습니다."

모두 '보어네 형제는 엄마를 참 힘들게 해.'라고 했어요.

하지만 괜찮아요. 아이들이 언제나 극성인 건 아니니까요.

잠이 들면 아주 순해지는걸요.

멍하니 입을 벌리고 생각에 잠긴 모습이 바보처럼 보인다는 사람도 있었지만, 눈에 보이는 모습에 속으면 안 된다.

5) 양자이론에서 작용량의 최소 단위라고 생각하는 양. 플랑크상수(h)와 같다.

*발머선을 참고하자(64~65쪽).

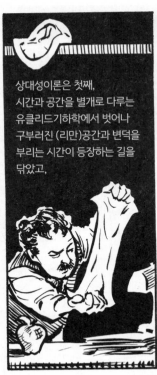

상대성이론은 첫째, 시간과 공간을 별개로 다루는 유클리드기하학에서 벗어나 구부러진 (리만)공간과 변덕을 부리는 시간이 등장하는 길을 닦았고,

둘째, 플랑크 방정식이 그랬듯이 에너지를 다룬 $E=mc^2$이라는 방정식을 제시했다.

이걸 먹으면 80칼로리를 섭취하는 거야.*

하지만 이걸 구성하는 원자를 모두 분열시키면 1,700,000,000,000 칼로리를 얻을 수 있어.

*다행히 음식물의 소화는 폭발적인 핵분열반응이 아니라 온화한 화학반응이다.

몇 날 며칠 밤을 새우며 논문을 써도 쓰러지지 않을 에너지가 만들어지는 거지.

아인슈타인 박사

아인슈타인이 시작한 혁명은 아주 작은 규모가 아니라 아주 큰 규모라는 점만 빼면 여러 가지로 플랑크가 시작한 혁명과 비슷해.

아인슈타인의 연구는 속도의 본질적인 상한선을 결정했어.

상대성이론은 '객관적 실재'를 기술하는 인류의 능력을 제한했지.

객관적 실재란 어디에 있건, 얼마나 빨리 움직이건 간에

누구나 동일하게 관찰할 수 있는 상태를 말하는 거야.

프로이트는 1895년에 자신의 첫 번째 역작인
『히스테리 연구』를 발표했고,
1899년에는 『꿈의 해석』을 발표했지만,

아직 융을 만나지는 않았다.*

*닐스의 누나인 제니 이야기는 여기서 하는 게
좋겠다. 제니에 관한 기록은 남은 것이 거의
없어서 여기서 언급하지 않으면 더는 기회가
없을 것이다. 제니는 평생 정신 질환 때문에
힘들어했고, 결국 1933년에 조울증으로
사망했다.
장례식 추모 연설에서 하랄은 누나가 3년
전에 어머니가 돌아가셨을 때 큰 충격을
받았다고 했다. 하지만 두 동생은 '누나는
허약했지만 강인했고, 병은 있었지만
건강했다.'라고 생각했다.

1869년에는 멘델레예프가 주기율표를 작성했고,
1873년에는 맥스웰이 전자기력에 관한 논문을 발표했다.

1845년에는
뢴트겐이
엑스선을
발견했고,

1897년에는
J. J. 톰슨이
전자를
발견했고,

1896년에는
베크렐이 방사성
우란선6)을 발견했다.

그러나 닐스가
매혹된 것은
신기하고 새로운
원자 현상이었다.

6) 우라늄 원석에서 나오는 방사선.

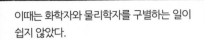

이때는 화학자와 물리학자를 구별하는 일이 쉽지 않았다.

1898년에 물리학자인 퀴리 부부가 화학물질인 라듐을 발견했다.

하지만 오늘날에도 그렇듯이 실험가와 이론가가 다르다는 사실은 그때도 쉽게 알 수 있었다.

뭐, 실험가도 나쁘진 않지.

하지만 난 절대로 실험 장비를 산다는 핑계로 학생들에게 과도하게 수업료를 뜯어내지는 않아.

다윈이 생명의 다양성을 설명한 것처럼 물리학자들도 입자와 복사의 다양성을 발견하기 시작했다.
프로이트가 마음을 탐구한 것처럼 물리학자들은 원자를 탐구해 나갔다.

엑스선과 전자가 발견됐고, 퀴리 부부는 라듐이라는 희한한 물질을 발견했으며,
1899년에는 한동안 J. J. 톰슨과 일했던 뉴질랜드 출신의 어니스트 러더퍼드가 알파입자와 베타선을 발견했다.

7) Niels Bjerrum.

하지만 데모크리토스의 주장은 20세기가 되어 아인슈타인, 플랑크, 뢴트겐, 베크렐, 퀴리 부부, 톰슨, 러더퍼드 같은 과학자가 등장하기 전까지는 그저 추론(흔히 '자연철학'이라고 부르는)일 뿐이었다.

결국, 사물은 자세히 들여다보면 언제나 훨씬 복잡해진다.

(원자는, 데모크리토스라는 고대 그리스 철학자이건 아인슈타인이라는 독일-스위스계 미국인이건 간에, 철학자의 마음만으로는 그것을 충분히 가까이에서 들여다볼 수 없다.)

그런데 도구가 발달하면서
원자는 나누어지지 않는다고
확신하는 과학자가 점점 줄어들었다.

하지만 그렇다고 해도 닐스가
금속의 전자에 관한 논문으로
석사와 박사 학위를 받을 무렵까지도
원자에 관한 학설은 대부분 입증되지
않은 이론에 불과했다.

8) 도체에서 전자의 움직임을 설명한 이론. 보어가 금속에서 전자의 움직임으로 박사 학위를 받았기 때문에 이 이론을 많이 이용했다.
　-감수자주
9) 열과 전기가 동시에 관계하는 현상.

박사 학위를 받을 때까지

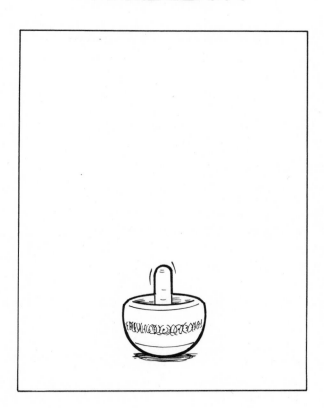

10) 그 역시 물리학자로 아인슈타인의 전기를 집필하기도 했다.

11) 벨기에 태생 연주자이자 작곡가. 이 사람을 기념하여 시작한 이자이 콩쿠르가 오늘날 엘리자베스 콩쿠르다.

앞 장에서 여러분이 본 내용은 모두 사실이다. 보어는 큰 소리로 명확하게 강연한 적이 한 번도 없다. 보어의 친구이자 보어의 전기를 쓴 아브라함 파이스[10]는 이렇게 말했다.

"보어의 공개 강연이 어땠는지를 설명해야 할 때는 늘 바이올린 연주자 외젠 이자이[11]가 생각난다. 이자이는 한 왕족을 가르쳤는데, 한번은 아주 유명한 음악가*가 이자이에게 이렇게 물었다."

학생은 잘 배우고 있나요?

아아,

전하의 연주는 거룩합니다. 하지만 엉망입니다.

*파이스가 아인슈타인을 유명한 음악가라고 한 것은 아인슈타인이 음악의 거장이어서가 아니다. 아인슈타인은 아주 유명했고, 또 바이올린을 연주할 수 있어서 그렇게 표현한 것이다.

……그리고……
……그리고……

그러나 결론적으로
나는 알루미늄에 관해
말하고 싶습니다.

질문 있는 분?

강연이 끝난 뒤에

그냥 들을 만했다면
좋겠어.

레온 로젠펠트[12]는 이런 이야기를 했다.

제임스 클러크 맥스웰 기념식에 참석한 로젠펠트가 보어 옆에 앉았다.

그때 한 청중이 맥스웰은 강연을 잘하지 못한다고 이야기하면서 보어를 살짝 놀렸다.

"그건 우리 친구 보어도 마찬가지 아니야? 한 번에 너무 많은 걸, 관련 내용을 모두 알려주고 싶어 하니까 그럴 수밖에 없어." 그 말을 들은 보어가 깜짝 놀라며 로젠펠트에게 속삭였다.

"세상에, 이 사람은 내가 강연을 못 한다고 생각하나 봐."

---

12) Léon Rosenfeld. 벨기에의 물리학자.

문제는 보어는 생각하는 것을 명확하게 말하지 못하는 게 아니었다. 생각은 아주 명확하게 하는데, '그리고'와 '그러나'를 말하는 사이에 그 생각을 자신이 말로 해야 한다는 사실을 잊는 것이 문제였다.

맥스웰 기념식은 1931년에 열렸지만, 보어가 케임브리지를 처음 방문한 것은 그보다 훨씬 전이다. 박사 학위를 받은 직후에 연구원으로 와서……

……그리고 이어지는 거지.

$$\nabla \times B = \frac{4\pi}{c} J + \frac{t}{c} \frac{dE}{dt}$$

(다시 말해서 빛이 있으라는 거야.)

$$\mapsto \frac{1}{\lambda^4}$$

그리고

$$I = I_0 \frac{8\pi^4 N\alpha^2}{\lambda^4 R^2} (1 + \cos^2 \theta)$$

이게 바로 하늘이 푸른 이유야.

전자를 발견한 세기의 총아 J. J. 톰슨 밑에서 연구했다. 톰슨은 스물여덟 살이라는 젊은 나이에 레일리와 맥스웰의 뒤를 이어 캐번디시 연구소에서 세 번째로 실험물리학 교수가 된 사람으로, 그때 쉰다섯 살이었다.

*보어의 영어 실력은 빠르게 좋아졌다.

그러니까 제가 말씀드리고 싶은 부분은, 이 논문에서 말입니다.

제발 좀 크게 말해주게, 보어 박사.

소장님 논문에 있는 오류 말입니다. 지적하려는 건 아니지만…… 말씀은 드려야 할 거 같아서요.

여기랑

여기랑

그리고 여기랑.

두 사람의 관계는 이렇게 엄청나게 시작했고, 보어는 캐번디시 연구소에 들어왔다.

보어는 1911년 9월에 케임브리지에 도착했다. 그러나 그해 12월에는 맨체스터에 있는 러더퍼드 경의 연구실로 옮겼다.

왜냐고?

톰슨이 아직도 내 논문을 읽지 않았기 때문이야.

어쩌면 러더퍼드 연구소가 영국에서 (사실은 뉴질랜드와 캐나다를 포함한 모든 영국연방에서) 실험 장비를 가장 잘 갖추었기 때문일 수도 있지.

하지만 맥스웰 덕분에 과학자들이 알게 된 사실인데 말이야, 전하를 띤 물체가 움직이면 에너지를 방출해.* 따라서 전자가 실제로 핵 주위를 돈다면 매 순간 에너지를 방출해야 해.

*행성의 궤도 운동은 전자기력이 아니라 (뉴턴과 아인슈타인이 설명한 것처럼) 중력의 법칙이 지배한다. 그러니 여기서는 잊어버리자.

그렇게 되면 전자는 에너지를 잃고 빙글빙글 돌면서 낮은 궤도로 떨어지게 될 거야.

그러면 원자는 곧 J. J. 톰슨이 말한 수박이나 푸딩처럼 변해버릴 거야.

'곧'이라고?
얼마나 '곧'이라는 말이지?
1911년과 1912년에 보어는
이에 관해 설명한 논문을 발표했다.
그것도 무려

세 편이나!

보어는 세 편의 논문 가운데 첫 번째 논문을 1912년에 신혼여행으로 간 노르웨이에서 새 신부에게 받아 적게 했다.* 논문에서 보어는 원자가 붕괴하지 않는 이유를 간단하게 설명했다.

*두 사람의 사랑 이야기를 알고 싶다면 289쪽 '물리학의 혁명을 불러온 신혼여행' 편을 보자.

이것이 그 유명한 양자 도약이다!

원자를 설명하고자 고전역학과 양자역학을 접목한 보어의 방식은 정말 혁명적이었다.

모두 71쪽이었던 세 논문에서 보어는 많은 것을 설명했다.

첫째,
원자가 붕괴하지 않는 이유를
설명하면서,

Planck's theory deals with the emission and absorption of radiation from an atomic vibrator of a constant frequency, independent of the amount of energy possessed by the system at the moment considered. The assumption of such vibrators, however, involves the assumption of quasi-elastic forces and is inconsistent with Rutherford's theory, according to which all the forces between the particles of an atomic system vary inversely as the square of the distance apart. In order to apply the main results obtained by Planck it is therefore necessary to introduce new assumptions as to the emission and absorption of radiation by an atomic system.

한 계(系)가 정상상태[13]일 때는
동적 평형상태가 일반적인 역학 법칙의
지배를 받지만, 계의 정상상태가
바뀔 때는 그렇지 않다.

보어는 (궤도라고 알려진) 정상상태는
뉴턴이 정의한 고전물리학의 지배를
받는다고 가정했다. 그러나……

necessary to introduce new assumptions as to the emission and absorption of radiation by an atomic system.
The main assumptions used in the present paper are :—
1. That energy radiation is not emitted (or absorbed) in the continuous way assumed in the ordinary electrodynamics, but only during the passing of the systems between different "stationary"

한 계의 정상상태가 바뀔 때 방출되는 복사는
균일하며, 진동수(v)와 에너지 총량(E)은
E=hv의 관계에 있다. h는 플랑크상수다.

total energy, emitted during the formation of the configuration, and the frequency of revolution of the electron is entire multiple of $\frac{h}{2}$. Assuming that the of the electron is circular, this assumption is equivalent with the assumption that the angular momentum of the electron round the nucleus is equal to an entire multiple of $\frac{h}{2\pi}$.
5. That the "permanent" state of any atomic system—i.e., the state in which the energy emitted is maximum—is determined by the condition that the angular momentum of every electron round the centre of its orbit is equal to $\frac{h}{2\pi}$.
It is shown that, applying these assumptions to Rutherford's atom model, it is possible to account for the laws of Balmer

13) 시간이 흘러도 운동 상태가 변하지 않는 상태.

보어는 수소 원자가 특정한 빛의 스펙트럼을 방출하는 이유도 설명했다.

수소나 헬륨 같은 원소를 가열하면
특정 진동수의 빛을 방출한다는 사실은
오래전에 알려졌다.

헬륨 27%

수소 72%   나머지 1%

정밀도가 크게 떨어지는 사람의 맨눈으로 보면
햇빛의 스펙트럼이 연속적인 것처럼 보이지만,
가는 틈새와 망원경을 사용하여 프리즘으로 빛을 통과시키면
햇빛의 스펙트럼은 연속적이지 않다는 사실을 알 수 있다.

1885년*에 스위스 교사인 요한 발머가
정수만을 이용한 간단한 공식으로
수소의 스펙트럼선을 예측했다.

$R = 109737.31521 \ cm^{-1}$

$V = R \left(\frac{1}{N^2} - \frac{1}{M^2} \right)$

*맞다. 보어가 태어난 해다.

사람들은 발머선을 나비 날개에 있는
아름다운 무늬처럼 여겼어. 다시 말해서,
나비 날개의 무늬는 경이롭고 아름답지만,
그것으로 생물학적 기본 법칙을
알 수 있는 건 아니라고 말이야.

하지만 놀랍게도 과학이라기보다는 수비학[14]처럼 보이는
이 터무니없는 공식은 실험 결과와 놀라울 정도로 일치했다.
논문에서 보어는 발머의 공식을 양자적으로 설명해 발머선이
원자 궤도 N과 M하고 관계가 있다는 사실을 밝혔다.

보어는 또한 에너지의 크기, 전자의 질량, 플랑크상수(h)를 이용해
원자 궤도 R을 예측했다.

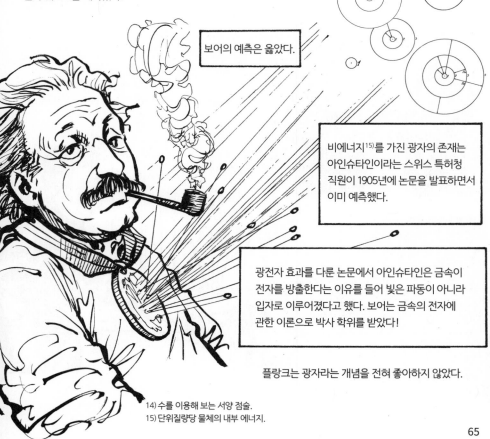

보어의 예측은 옳았다.

비에너지[15]를 가진 광자의 존재는
아인슈타인이라는 스위스 특허청
직원이 1905년에 논문을 발표하면서
이미 예측했다.

광전자 효과를 다룬 논문에서 아인슈타인은 금속이
전자를 방출한다는 이유를 들어 빛은 파동이 아니라
입자로 이루어졌다고 했다. 보어는 금속의 전자에
관한 이론으로 박사 학위를 받았다!

플랑크는 광자라는 개념을 전혀 좋아하지 않았다.

14) 수를 이용해 보는 서양 점술.
15) 단위질량당 물체의 내부 에너지.

현대물리학의 여러 가지 큰 문제 중에서 아인슈타인이 엄청난 공헌을 하지 않은 문제는 거의 없어. 광자에 관한 가설처럼 가끔 엉뚱한 추론을 하기는 했지만, 아인슈타인의 명성에 누를 끼칠 정도는 아니지.

플랑크는 아인슈타인의 논문 3부작 중 마지막 논문인 상대성이론이 성공할 가능성이 가장 크다고 생각했지만, 세 논문 모두 크게 성공했다. 또한 아인슈타인은 1921년에 상대성이론이 아니라 광전자 효과를 설명한 공로로 노벨상을 받았다.

아인슈타인이 노벨상을 받을 무렵에는 훗날 제1차 세계대전이라고 불릴 전쟁이 끝나갔다. 전장에서 비교적 일찍 돌아온 헨드릭 크라메르스가 이제는 유명해진 보어와 함께 연구하기 시작했다.

그러나 아직도 코펜하겐에는 보어가 일할 만한 이론물리학 연구소가 없었다.

우아하게 물리학 하기

보어는 크라메르스가 도착한 1916년 가을 무렵에야 교수가 되었다. 그전까지는 전임강사로 지냈고, 물리학 이론 연구는 대부분 해외에서 진행했다.

1916년 여름

이건, 이런 건
못 견디겠어.

닐스, 새로 임명된 교수는 국왕 폐하를
찾아뵙고 인사를 드려야 해요.
이제 당신도 고위층이
된 거예요.

알아,
하지만……

'하지만'은 없어요. 연구소를 세우고 싶다면
당연히 폐하를 뵈어야죠.

폐하 앞에서 물러날 때는
뒤로 걷는 거 잊지 마세요.

그래서……

보어 박사, 전 세계인이 아는
축구 선수를 만나다니
정말 영광이오.

권위자와는 잘 지내지 못했지만 그 자신도 권위자였던 보어는 널리 알려진 자신의 연구에 있어서만은
양보하는 법이 없었다.

보어의 모형은 물리학적으로도 옳지 않았다. 원자는 사실 태양계처럼 생기지 않았다.
그러나 보어의 원자모형은 과학자들이 제시한, 우리가 아는 세상을 닮은 마지막 그림이어서
여전히 널리 쓰인다.

어쨌거나 보어와 러더퍼드는 보어의 모형이
고전물리학과 현대물리학을 모두 포기하지
않으려고 두 물리학을 합친 결과라는 사실을
처음부터 알았다.

보어의 원자는 순수한 수학이라는 바다에 빠지기 전에
붙잡을 수 있는 마지막 부유물이었다.

하지만 보어의 논문은 양자 혁명의 포문을 열었다. 그 논문은 왕들에게까지는 아니라고 해도 적어도
물리학계에서는 보어의 이름을 널리 알렸다. 이론가로서만이 아니라 저자로서도……

독일어야 될 수 있으면 길고 복잡하게 쓰는 게 미덕이겠지. 하지만 영어는 가능한 한 간결하고 짧게 쓰는 게 전통이라네.

따라서 자네 논문은 필요 없는 부분을 줄여서 간결하게 만드는 게 좋겠네.

내 생각엔 3분의 1 정도는 쉽게 줄일 수 있을 것 같네.

함께 자세히 검토해보세.

첫째 날 낮

좋아, 좋아. 이 부분은 그대로 두자고. 다음 내용을 보지.

첫째 날 저녁

좋아. 알겠네.
여기에 내용을 좀 더
추가하는 게 좋겠군.

둘째 날 낮

알겠네. 이대로 두면
훨씬 명확해지겠군.

둘째 날 저녁

여기 말이야?

좋아, 좀 더 설명을
집어넣으면 좋을 거 같군.

마침내

알았어, 알았다고.
《필로소피컬 매거진》[16]에
제출하세.

'이대로'
말입니까?

그래, 이대로
말일세.

16)《Philosophical Magazine》당시 영국의 저명한 과학학술지.

훗날 러더퍼드는 이렇게 말했다.

나는 간결함 편에 서서 보어와 한판 대결을 벌였지. 하지만 '보어 대 간결함' 시합에서는 늘 보어가 이겼어.

이런 일도 있는 데다가, 보어가 이론물리학자였는데도 러더퍼드는 1914년에 '보어는 우리와 달라. 그는 축구 선수야.'라고 말하면서 보어에게 캐번디시 연구소로 와 달라고 요청했다.

그러나 닐스는 덴마크를 떠나고 싶지 않았다. 그는 코펜하겐대학에 이론물리학과를 만들어 달라고 청원했다.

"그리고 될 수 있으면 저를 학과 교수로 임명해 주십시오."

러더퍼드를 비롯해 여덟 명이 추천서를 써주었지만, 코펜하겐대학은 이론물리학과를 개설하지 않았다. 이론물리학은 여전히 새로운 학문이었기 때문이다. 19세기가 끝날 무렵까지 이론물리학과 교수는 미국에 두 명, 네덜란드에 한 명이 있을 뿐이었고, 영국제국에는 한 명도 없었다.

그래서 보어는 자기만의 독특한 방법으로 계속 강의해 나갔다.

그리고……
그리고…….

절대로 잊어버리면 안 될 것은,
우리가 여기서 필사적으로
달성하려고 애쓰는 조화는……

아니다.

아니지.
조화는 반드시
바뀌야 하는데……

아,
알겠다.

무엇으로
바꿔야
하느냐면……

반드시 조화를
통일로 바꿔야 해.

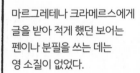

마르그레테나 크라메르스에게
글을 받아 적게 했던 보어는
펜이나 분필을 쓰는 데는
영 소질이 없었다.

1917년이 끝나갈 무렵, 덴마크 정부는 마침내 보어가 그토록 원했던 이론물리학 연구소를 설립하기로 했다.
연구소에 관한 구상은 러더퍼드의 연구소를 참고로 이미 끝나 있었고, 설계도만 나오면 공사를 시작할 수 있었다.

보어는 자신의 논문이 아니어도, 또한 논문과 상관이 없는 일이라고 해도 제 생각을 명확하게 표현하려고 애썼다.

(물론 건축가만큼 지치지는 않았겠지만) 잔뜩 지친 보어가 연구소의 완공을 본 것은 그로부터 몇 년 뒤였다.

연구소의 과제는 과학의 결과와 방법에 관한 논의 현장으로 새로운 젊은이를 계속 불러 모으고, 그 젊은이들의 공헌으로 새로운 피와 생각을 이 세상에 공급하는 것입니다.

보어의 연구소는 경이로운 일을 해냈다. 사실 그 뒤 몇 년간은 이론물리학 연구소가 전설이 되기에는 어려운 여건이었는데도 보어 연구소는 양자역학 세계의 중심이 되었다.

사실 이때 두 사람은 코펜하겐에서 아주 유명한 파엘레드 공원 근처의 넓은 도로를 걷고 있었다.

하지만 너무 앞서가지는 말자. 보어와 아인슈타인은 코펜하겐 연구소가 설립되기 훨씬 전에 베를린에서 처음 만났다.

이 역사적인 만남은 독일이 아직 제1차 세계대전에서 회복되기 전인 1920년에 이루어졌다. 어려운 상황에서도 독일 과학자들은 연구를 시작했고, 플랑크는 물리학회에 보어가 와서 강연해주기를 바랐다.

*본체=거물

게다가 대접할 것도 없어.
지금 인플레이션이 어떤지 잘 알잖아.
식료품을 사려고 돈을 싸들고 가도,
가게에 들어가는 순간 그 돈이
쓸모가 없어져 버린다고.

헤르츠 말이 맞아.
도시도 식량이 부족한데,
시골에서 먹을 걸 어떻게 구해?
돈을 양동이로 쏟아부어도
안 될걸.

하지만 해볼 가치는
있잖아요, 구스타프.
하버 교수님께
부탁해봐요.

난 플랑크 교수님께 본체 없이
진행할 회의를 기획해달라고
부탁할게요.

그래, 그럴 수 있다고 쳐.
하지만 보어는 어떻게
할 거야?

어떻게
하다니 뭘
말입니까?

궁금한 게 있으면
물어보시죠.
그런데……

"……본체가 뭐죠?"

죄송하지만 플랑크 교수님.
저희가 잠시 보어 박사님하고
함께 있고 싶은데요.

무슨 말인지 알겠네,
리제.

새로운 세대

수많은 갈채를 받으며 많은 사람에 둘러싸인 보어도 외롭다고 느낄 때가 있었다. 심지어 노벨상*을 받은 1922년에도 보어는 이렇게 적었다.

과학자로서
지난 몇 년 동안 √아주 외로울 때가 많았다. 왜냐하면, 양자이론의 원리를
내 힘껏 해온
체계적으로 발전시키려는 √노력이 거의 이해받지 못한다고 느끼기 때문이다.

나에게 이것은 사소한 교훈적인 문제가 아니라 더욱 건설적인 일을 할 수 있도록 더욱 견고한 토대가 되어줄 내면의 일관성에 도달하기 위한
도달하고자 하는 소망을 위한
√진지한 시도다.

*보어는 스톡홀름에서 열린 노벨상 수상 연설회에서 발표할 원고와 슬라이드를 호텔 방에 두고 왔다. 누군가가 원고를 가져오기 전까지 즉흥 연설을 해야 했다. 당시 상황을 기록한 모든 자료를 보면, 보어는 그때 미리 준비한 강연보다 훨씬 명확하고 분명한 어조로 훨씬 재미있는 강연을 했다. 원고를 가져왔을 때 안도한 것은 보어 한 사람뿐이었다.

그러나 그 무렵 보어에게는 가정이라는 견실한 토대가 세워져 있었다.

보어를 격려하고 영감을 주는……

하지만 보어 교수님, 지적하려는 건 아니지만 이건 분명히 논리적이지 않습니다.

그래, 보어 교수님처럼 말해야겠어.

곧 돌아올게, 크라메르스. 아내랑 이야기해봐야겠어.

마르그레테가 있었고,

나란히 붙은 연구실을 사용하는 동생 하랄도 있었다.

곧 돌아올게, 크라메르스. 하랄과 이야기해봐야겠어.

그리고 아이들이 태어났다. 1922년까지
크리스티안, 한스, 에리크, 오게가 태어났다.
몇 년 뒤 에르네스트가 태어났을 때
보어 부부는 네 아이가 쓴 유모차를
더는 쓸 수가 없었다.

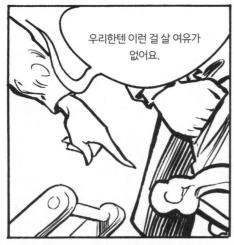

우리한텐 이런 걸 살 여유가 없어요.

같은 이야기를
반복하고,
반복하고……

또 반복한 뒤에

왜 이렇게 우울하세요, 교수님?

아, 이 유모차 때문에.

네? 그게 무슨 소립니까?

이건 교수님이 원했던 거잖아요. 당연히 만족하셔야죠.

하지만 마르그레테가 마지못해 양보한 거거든.

확신하며 찬성하지 않았어.

저런, 교수님. 교수님이 언제나 다른 사람에게 확신을 심어줄 순 없어요.

보어는 설득력 있는 교사가 아니었다. 아들인 한스의 증언처럼 보어는 아이들이 완강하게 고집을 부릴 때는 특히 무뚝뚝해졌다.

심지어 아이들이 지나치게 버릇없이 굴었을 때, 보어가 할 수 있는 최선은……

하지만 보어는 타고난 이야기꾼이었다.* 저녁 시간이나 티스빌데에 있는 여름 별장에서 서양까치밥나무 열매를 따러 갈 때 보어는 으레 가족들에게 이야기를 들려주었다.

그리고 오랜 시간이 지난 뒤에 경쟁자였던 철학자가 아테네로 돌아왔어.

그 철학자는 소크라테스가 제자들과 함께 광장에 서 있는 걸 봤어. 그 철학자가 말했지.

소크라테스, 여전히 같은 일을 두고 같은 말을 하는 건가?

똑똑한 자네가 왔군!

자넨 같은 일을 두고 같은 말을 하는 법이 절대 없지.

*보어는 토마스 만의 『요셉과 그 형제들』에 나오는 것처럼 구전 전승을 되풀이해서 들려주었다. 『요셉과 그 형제들』에는 한 노인이 나오는데, 그 노인은 사람들에게 이야기를 들려주고 '알겠는가?'라고 묻는다. 화롯가에 모여 이야기를 듣는 사람들이 '잘 알겠다'라고 대답하면, 그 장로는 이야기를 적당하게 각색해서 다시 들려준다.

당연히 보어의 양육법은 자녀들의 지능 발달에 도움이 되었다.* 그러나 평생 육체 활동을 멈추지 않았던 보어처럼 아이들 역시 실내 활동만큼 야외 활동도 활발하게 했다.

*자연과학에 가장 뛰어난 재능을 보였지만, 291쪽 '모방예술' 편을 보면 알 수 있듯이 보어의 아이들은 다른 재능도 출중했다.

많은 아이를 키우면서 놀라운 업적을 세운다는 건 대단한 일이다. 사실 보어는 이 모든 일을 아주 잘 해냈다. 그는 친구들에게 이렇게 말했다.

보어의 가족은 혈연을 넘어 넓게 확장되었다. 블로흐*, 카시미르, 델브뤼크*, 디랙*, 에렌페스트, 프랑크*, 프리슈, 가모, 헤베시*, 클라인, 크라메르스, 란다우*, 마이트너, 모트*, 니시나, 오펜하이머, 파울리*, 플라츠제크, 로젠펠트, 로셀란, 슈뢰딩거*, 톨먼, 바이츠제커 같은 쟁쟁한 유명 인사가 훗날 보어와 함께 연구했다는 사실을 자랑스러워한다.

*노벨상을 받았다.

많은 과학자들이 몇 주 지낼 계획으로 보어의 연구소를 찾아왔다가 계획보다 훨씬 오래 머물렀다.
보어와 아인슈타인의 동료이자 친구인 파울 에렌페스트의 말처럼 닐스 보어와 함께하는 것은
'젊은 과학자에게는 살면서 일어날 수 있는 가장 중요한 일'이었기 때문이다.
그러나 보어의 명성은 과학계를 앞서가지는 않았다. 헨드릭 카시미르의 아버지는 이 세상에 그렇게 유명한
과학자가 존재한다는 사실을 믿지 않았다. 그래서……

자네, 잘 돌아왔네.

자네 아버지께서 자네가
독일을 떠나기 전에 하실 말씀이
있었던 모양이야.

자네가 떠난 직후에
이 편지를 쓰신 게 분명해.

덴마크
닐스 보어 씨 댁내
카시미르

오늘 아침에
도착했어.

"네가 말한 대로
보어가 진짜로 유명한지
알아보려고 보내는
거란다."

가족한테 무슨 문제가
생긴 건 아니지?

아닙니다, 교수님.
전혀 문제없습니다.

"악당이 아가씨를 납치하는 건 말이 돼."

그런 일은 늘 일어나니까.

마차가 지나간다고 해서 다리가 무너질 것 같진 않지만, 그건 받아들일 수 있어.

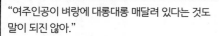

"여주인공이 벼랑에 대롱대롱 매달려 있다는 것도 말이 되진 않아."

"하지만 그것도 받아들일 수 있어."

"심지어 그 순간 톰 믹스가 말을 타고 지나가는 것까지 받아들일 수 있다고."

하지만!

그건 분명히 카메라를 들고 저 장면을 찍은 사람이 있어야 한다는 뜻이잖아.

보어는 서부영화에 관해서 그 밖에도 여러 가지 의견을 제시했지만,* 물리학자들이 공감한 것은 이 '확률과 관찰자의 역할'에 관한 생각이었다. 왜냐하면, 보어가 아끼는 (물리학의) 아들인 베르너 하이젠베르크의 이론과 관계가 있기 때문이다.

하이젠베르크와 보어는 보어가 마이트너 등을 만난 뒤에 독일을 여행하는 동안 괴팅겐에서 처음 만났다.

> 그런 건 도저히 믿을 수 없다고!

> 오, 정말 친절한 말씀이지만 이만 가봐야 합니다.

> 아직 오후에 있을 강의 준비를 하지 않았습니다.

> 그런 걱정은 하지 말고 좀 더 드시오, 보어 교수.

강사로서 보어의 명성은 보어 자신보다 훨씬 유명했다. 아마도 동생인 하랄 때문일 것이다. 보어가 뒤에 회상한 것처럼 조머펠트는 보어에게 "강연이 있기 전에 포도주를 잔뜩 먹였다. 나는 술을 너무 마시는 게 아닌가 걱정이 되었지만, 조머펠트 선생이 그편이 모두에게 도움이 될 거라고 했다."

> 혹시, 딸꾹! 질문 있는 분?

*예를 들어, 결투하는 영웅과 악당이 서로 등지고 반대 방향으로 걸어간 뒤에 몸을 돌려 총을 뽑을 때, 영웅이 항상 먼저 총을 뽑는 이유를 심리학적으로 설명하고는 했다. 보어와 제자들은 장난감 총으로 이 장면을 실험해보았는데, 언제나 보어가 이겼다. (당연히 보어가 영웅이었다.)

하이젠베르크……
군이던가?

네, 교수님. 죄송하지만 교수님 결론에는
오류가 있습니다. 제가 계산해봤는데…….

앞으로 나와서
설명해보게.

여기에 문제가 있습니다.
여기에도……

그리고
여기에도요.

나중에 하인베르크 숲에서

멋졌네. 굉장했어.
자네가 코펜하겐에 있는 내 연구소로 오면 좋겠군.

닐스, 저 친구는
너무 어리고 건방져.

맞습니다.
그래서 마음에 듭니다.

물론 보어는 감옥에 가지 않았다. (이 경찰들은 사실 대학원생이었다.) 몇 년 뒤인 1924년에 하이젠베르크는
코펜하겐 연구소로 왔다.

코펜하겐 연구소

물리학자에 관한 이론이 있다.

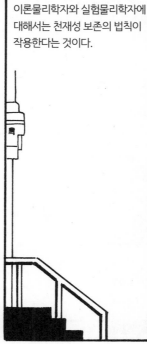

이론물리학자와 실험물리학자에
대해서는 천재성 보존의 법칙이
작용한다는 것이다.

그 말이 무슨 말이냐 하면
뛰어난 이론물리학자는 거의
서툰 실험물리학자라는 뜻이다.

하지만 엔리코 페르미는 그렇지 않았다.

오늘 며칠이지?

4일입니다, 교수님.

이런, 벌써 시간이 이렇게 됐군.

파울리가 기차역에 도착했을 거야.

볼프강 파울리 역시 페르미와는 전혀 다른 의미로 실험가와 이론가의 경계를 넘나들었다.

누군가 실험을 할 때 파울리가 그 도시를 지나가기만 해도 실험은 실패로 돌아간다는 속설이 있었는데, 과학자들은 이를 '파울리 효과'라고 불렀다.

따라서 파울리에게 의견을 물어야 할 때조차 절대 자신의 실험실로는 들어오지 못하게 하는 실험물리학자도 있었다.

파울리와 보어에게는 정중함 보존 법칙도 분명하게 작용했다. 보어가 정말 정중했으므로 파울리는……
전혀 정중하지 않았다.

보어는 가장 신랄하게 비평할 때 하는 말도 '흥미롭다'거나 '우리는 당신이 생각하는 것보다 일치하는 점이 많다'가 고작이었지만, 파울리는 바보를 만나면 정말 신랄하게 반응했다.

*이 구제불능 멍텅구리야!(Ganz Falsch.)

그러나 파울리와 보어는 만난 즉시 절친한 친구가 되었다. 괴팅겐에서 보어를 만난 파울리는 곧 보어의 연구소로 왔다. 파울리가 제시한 이론 덕분에 보어는 위대한 업적을 또 한 가지 세울 수 있었다. 더욱 완벽한 주기율표를 완성할 수 있었던 것이다.

어떻게 그럴 수 있었는가 하면, 태양계처럼 생긴 보어의 원자모형은

 # 틀렸다는 걸 밝혔기 때문이다!

분명히 문제가 있었다. 보어가 제시한 양자수(N과 M)만으로는 충분하지가 않았고, 여러 단서가 쌓이면서 양자수 K가 필요하다는 사실이 분명해졌다.

죄송하지만 조머펠트 교수님,* 우리는 여전히 이상 제이만 효과[17]를 설명해야 합니다.

그 생각만 하면 정말 우울해집니다.

(*'죄송하지만'이라고? 이것은 정중함 보존 법칙의 예외였다. 조머펠트는 파울리가 유일하게 예의 바르게
대하는 사람이었다.)

파울리는 정말 우울했다. 이상 제이만 효과란 무엇일까? 간단히 설명하자면, 수소의 스펙트럼을 정확하게
측정하는 장비가 등장한 뒤, 수소 스펙트럼은 생각했던 것보다 훨씬 복잡하다는 사실이 밝혀졌는데
이런 복잡성을 '이상 제이만 효과'라고 한다.
몇 년 뒤에 파울리는 한 가지 설명을 내놓았는데(이 무렵에 그는 코펜하겐 연구소를 떠났다),
그의 설명은 원자모형을 물리적 실재와 더욱 멀어지게 했다. 그러니까 이런 식으로 설명했다.

17) 광원을 강력한 자기장 안에 두었을 때 나오는 빛의 스펙트럼선이 여러 갈래로 갈라지는 현상을 제이만 효과라고 하는데, 그중에
    복잡하게 갈라지는 경우를 이상 제이만 효과라고 하고, 비교적 단순하게 갈라지는 경우를 정상 제이만 효과라고 한다.

전자의 스핀을 설명하는 양자수 S를 추가하는 겁니다. 반시계 방향으로 회전하면 다운 스핀이고,

시계 방향으로 회전하면 업 스핀인 거지요.

그리고 한 원자에서 두 전자의 양자수 N, M, K, S가 완벽하게 동일할 수는 없다고 가정하는 겁니다. 이것을 파울리의 배타 원리라고 부를 겁니다.

		n	k	m	s	total states for an electron
1st shell	(n=1)	1	1	0	$\pm^1/_2$	2 =2
2nd shell	(n=2)	1	1	0	$\pm^1/_2$	2 +
		2	2	-1,0,1	$\pm^1/_2$	6 =8
3rd shell	(n=3)	1	1	0	$\pm^1/_2$	2 +
		3	2	-1,0,1	$\pm^1/_2$	6 +
		3	3	-2,-1,0,1,2	$\pm^1/_2$	10 =18

이 결과를 표로 작성하면 2, 8, 18이라는 마법수를 볼 수 있고, 보어 교수님 방법대로 주기율표를 작성할 수 있습니다.

굉장해. 아주 멋지군! 전자궤도를 보면 리튬, 나트륨, 칼륨의 화학적 성질이 왜 비슷한지* 한눈에 알 수 있어. 최외각 전자궤도에 들어 있는 전자의 수가 같기 때문이야.

파울리가 예측한 각 전자껍질에 들어 있는 최대 전자 수는 헬륨, 네온 같은 비활성기체의 원자번호와 정확하게 일치해.

또한, 어째서 헬륨과 네온 같은 비활성기체가 다른 원소와 반응하지 않는지도 설명하지. 그건 최외각 전자가 모두 채워졌기 때문이야.

따라서 닐스의 수소 원자모형은 틀렸을지 몰라도 기본 개념은 옳았던 것이다.

*닐스와 일반화학을 믿자!

스핀을 나타내는 S의 문제점은 N, M, K는 정수인데 S는 ±½이라는 겁니다.

그건 전자가 원래 위치로 돌아오려면 두 번 회전해야 한다는 뜻이니까요.

아마 제가 미친 소리를 한다고 생각하실 겁니다.

그래, 맞는 말이야. 그렇지만 근사한 생각이네. 하지만 불행하게도 충분히 미친 소리는 아니군.

실제로도 미친 소리가 아니었다.
원자와 원자를 이루는 기본단위는 계속해서 이상한 점을 드러냈다. 파울리가 제안한 양자수 S도 전자에 관한 다른 개념에 비하면 그렇게 기묘한 개념은 아니었다.

무엇보다도 파일럿파[18] 이야기를 안 할 수가 없지.

아니다.

먼저 다른 이야기를 해야겠다.

언젠가 한 귀족이 태어났어. 빅토르 드 브로이 공작의 아들인

루이 빅토르 피에르 레몽 드 브로이 왕자였지.

18) pilot waves. 드 브로이는 파동인 빛이 입자의 성격을 가지듯 입자로 파울의 성격을 가진 것이라는 물질파 개념을 주장했다. 이때 입자의 움직임을 이끌어주는 파동을 파일럿파라고 한다. ─감수자주

"그 왕자는 소르본대학교에서 중세사로 학위를 받았어."

빛은 입자이자 파동처럼 행동해!

"하지만 제1차 세계대전 때 에펠탑에 올라가서 '무선송신'을 담당하면서 아인슈타인의 '광자론'에 흥미를 갖게 되었지."

실험실

간단히 말해서 왕자는 아인슈타인의 생각을 역으로 뒤집어서, 전자 같은 입자가

드 브로이 왕자는 아인슈타인의 생각을 전자에 적용해봤어.

파동처럼 행동한다고 주장했어.

드 브로이 왕자의 생각은 충분히 미친 생각이야. 그래서 왕자의 박사 학위 논문을...

'프랑스 코미디'라고 부른 사람도 있었어.

적어도 아인슈타인이 '물리학이 풀어야 하는 최악의 수수께끼에 비친 한 줄기 희미한 빛'이라고 말하기 전까지 드 브로이 왕자의 논문은 그런 취급을 받았어.

특히 클린턴 데이비슨과 찰스 쿤스먼의 실험으로 입자가 파동의 특성을 갖는다는 사실이 입증되었다.
두 사람은 자신의 눈으로 (혹은 장비로) 확인한 사실을 믿지 않았다.

*294쪽 '간단한 수학' 편을 보면 (아인슈타인의 말처럼)
어떻게 '이 엄청난 장막을 걷어 올렸는지' 알 수 있고, 그 방정식이 무엇인지를 확인할 수 있다.
이 간단한 수학이 드 브로이를 역사의 반열에 올려놓았고, 박사 학위를 얻게 했으며, 노벨상까지 안겨주었다.

19) 두 개 이상의 파동이 한 점에서 만날 때 중첩되어 진폭이 합해지거나 상쇄되는 현상에 의하여 생기는 동심원 모양으로 된 흑백의 줄무늬.

결국, 톰슨과 데이비슨은 1937년에 전자가 파동임을 입증한 공로로 노벨상을 받았는데……,
30년 전에는 조지 톰슨의 아버지 J. J. 톰슨이 전자가 입자임을 밝힌 공로로 노벨상을 받았다.

J. J. 톰슨은 전자가 덩어리임을 입증했다. 따라서 데이비슨과 조지 톰슨의 실험에서
흔들리는 대포*에서 튀어 나간 전자는 벽**에 뚫린 구멍 중에 어느 한 곳을 반드시 통과해야 한다.

*가열한 필라멘트선

** 100% 크리스털

그리고 벽을 향해 많은 전자를 쏘면
당연히 벽 뒤에는 이런 무늬가 생겨야 한다.

전자가 한 번에 한 구멍에 들어가면 반드시
바로 앞쪽에 실린 무늬가 생겨야 한다.

그러나 데이비슨과 톰슨의 실험에서
생긴 무늬는 이랬다.

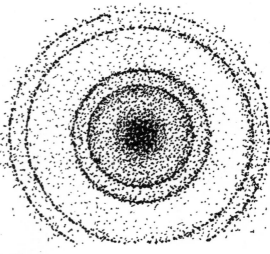

1801년에 토머스 영이 이중 구멍(사실은
슬릿이다)에 빛을 통과시키는 실험을 한 뒤, 빛은
간섭무늬를 나타낸다는 사실이 밝혀졌다. 빛은 파동이었다.

어두운 부분과 밝은 부분이 교대로 나타나는 이유는 특별한 지점에서 (두 파동의 마루가 겹칠 때)
보강 간섭이 생기거나 (두 파동의 골이 겹칠 때) 상쇄 간섭이 생길 파동의 확률 때문이다.

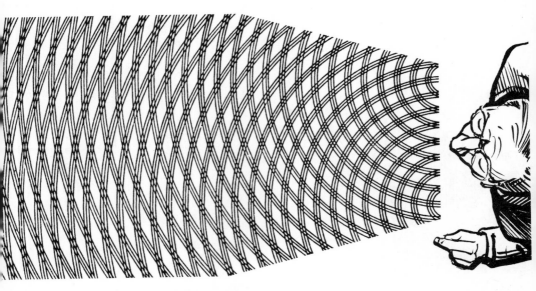

따라서 전자는 입자이므로 덩어리의 형태로 벽에 도착해도
벽을 통과한 뒤에는 파동이 된다고 결론을 내릴 수밖에 없다.

114

따라서 전자가 파동이라는 사실을 인정하고 구멍을 향해 한 번에 한 전자만 발사하면 전자는……
자기 자신과 간섭을 일으킨다.

하지만 전자는 입자다. 1900년대 초에 아주 유명한 과학 저자 아서 에딩턴 경은 "알지 못하는 것을 말하는
것은 알지 못하는 것을 행하는 것과 같은데, 이는 아주 똑똑한 이론은 아니다(아닌 것 같다). 이런 말을
어디선가 읽은 적이 있는데……"라고 했는데,

나긋끈적한[20] 토브들[21]이
언덕배기를 빙빙 돌며
땅을 긁어 파헤치네……

드
브로이

만약 이 확률을 없애고, 특정한 한 구멍만을 통과하게 함으로써 전자를 입자처럼 행동하게 하면 어떻게 될까?

사실 전자의 위치를 안다는 것은
전자와 부딪친 광자가 튀어나와
우리 눈*에 들어온다는 뜻이다.

전자는 무거운 포탄이 아니어서
광자와 부딪치는 순간
운동 상태가 바뀐다.

불행하게도 그렇게 되면
전자가 통과하는 구멍은 알 수 있지만,
전자의 경로가 크게 바뀌므로
간섭무늬가 사라진다.

*사실 아주 민감한 측정 장비로 들어온다는 뜻이다.
우리 눈은 정상 시력을 훨씬 (훨씬 훨씬) 뛰어넘는 눈이라고 해도 절대로 전자를 볼 수 없다.

---

20) slithy, 'lithe(나긋나긋한)'와 'slimy(끈적끈적한)'의 합성어.

21) toves, 오소리와 도마뱀과 코르크스크루가 합쳐진 가상의 생명체.

물론 아주 어둡게 해서 전자가 부딪칠 만한 광자의 수를 아주 적게 만들 수는 있다.
그러나 광자와 전자의 상호작용은 섬에 있는 모든 나무를 쓰러뜨리는 해일이나 배의 경로에 영향을 미치지
않는 부드러운 파도와는 다르다.

광자와 전자는 파동처럼 행동하지 않는다. 광자와 전자는 부딪친 당구공들처럼 행동한다.
따라서 빛을 어둡게 한다는 것은 공(광자)을 조금만 풀어놓았다는 뜻이다.
광자가 적으면 전자와 부딪치는 광자도 적어서 눈을 향해 튀어오는 광자도 적어진다.
광자가 한 개도 튀어나오지 않는다면 전자가 어떤 구멍을 통과했는지도 알 수 없다.

아, 그럼, 그럼. 그렇고말고.

기차역으로 하이젠베르크를 마중 나갈 시간이군. 드디어 오기로 했거든.

지금까지 한 이야기를 모두 이해할 수 있나?

절대 아니라고?

안타깝지만 보어가 즐겨 말한 것처럼, 위대한 진실이 갖는 문제는 '위대한 진실 반대편에 있는 진실 역시 위대한 진실'이라는 것이다.

이중 슬릿 실험에 관해서는 입자이지만 파동인 물질이라고 부른 리처드 파인만의 의견을 따르는 게 좋겠다. (파인만은 신중하게도 자신이 한 말을 설명이라고 부르지 않았다.) 파인만은 이렇게 말했다.

> 신문에서 상대성이론을 열두 명만 이해할 수 있던 때가 있었다는 기사를 보았다.
> 나는 그런 때가 있었다고 생각하지 않는다. 어쩌면 단 한 명(아인슈타인)만
> 상대성이론을 이해했을 때가 있었을 수는 있다. 아인슈타인이 논문을 발표하기
> 전까지는 말이다. 그러나 일단 논문을 발표한 뒤에는 이런저런 방법으로 많은
> 사람이 상대성이론을 이해했으므로 고작 열두 명만 상대성이론을 이해했던
> 시기는 없었을 것이다. 그러나 양자역학에 관해서는 단 한 명도 이해하지
> 못한다고 말하는 편이 안심된다. 그러니 '하지만 어떻게 그럴 수 있지?'라는
> 의문은 되도록 갖지 않는 게 좋겠다.
> 그 이유를 아는 사람은 아무도 없으니까.
>
> — 리처드 파인만
> 『물리법칙의 특성』

그러니 이해하지 못해도 괜찮다. 위대한 진실은 아무도 이해할 수 없으니까. 보어는 이렇게 말할 것이다. (실제로도 이렇게 말했다.) "원자에 관해서는 한 가지 언어, 즉 시의 언어만 사용할 수 있다."

22) 『물리법칙의 특성(The Character of physical law)』(안동완 옮김, 해나무, 2003년)

하이젠베르크

퀴벤하우엔

하이젠베르크 군!
드디어 왔군.

그래, 요즘엔
뭘 연구하나?

저는……

자네가 오다니,
얼마나 기쁜지
모르겠네.
정말 잘 왔네.

우리 친구 파울리가
편지에 뭐라고 썼는지 아나?

파울리 올림
보어 교수님

"물리학은 …… 너무 어렵습니다.
전 코미디언 같은 다른 직업을 갖고
물리학은 완전히 잊고 살았으면
좋겠습니다. 현재 제가 바라는 것은
교수님이 새로운 생각(아이디어)으로
우리를 구해주는 것입니다.
빨리 그렇게 해주시기를
촉구합니다."

보어 구명정

파울리가 힘들어하는 건 우리가 위대한 진실을 발견했기 때문이네.

그게 무슨 말씀입니까? '위대한 진실'이라뇨? 우리가 발견한 건 역설입니다. 전자 문제는……

베르너, 위대한 진실은 그 반대 역시 위대한 진실이라고 말한다네.

하지만 그건 수학적으로 말이 안 됩니다. 아시다시피……

하찮은 것과는 정반대이지. 하찮은 것의 반대는 바로 거짓이야.

과학자가 할 일은 위대한 진실을 하찮은 것으로 낮추는 걸세.

그래, 요즘엔 무얼 연구하나?

그때 하이젠베르크는 (파울리가 씨름하던 난해한 문제인) 이상 제이만 효과가 생기는 원인을 밝히고자, 결국 실패한 것으로 판명이 날 논문을 몇 편 쓰는 중이었지만, 그보다는 먼저 코펜하겐 정신을 익혀야 했다.

하이젠베르크는 혁명을 일으킬 일은 하지 않았다. 적어도 그때까지는.

또한, 전자나 당시 보어가 제안한 것 같은 에너지 보존 문제를 다룰 만큼 충분히 미치지도 않았다.

물론 에너지 비보존 문제도 다루지 않았다.
당시 보어는 크라메르스와
제임스 슬레이터와 함께 파동과 입자를
한데 합치고, 원자의 전이 현상을
방사선장과 한데 묶는 논문을 쓰고 있었다.

논문에서 세 사람은
원자는 가상의 복사선을
이용해 멀리 있는 원자와
앞으로 일어날 양자전이[23])에
관한 의견을 주고받을 수
있다고 했다.

23) 들뜬상태에 있는 원자가 광자를 내보내고 에너지가 더 낮은 상태로 넘어가는 현상.

원자가 통신한다는 주장은 원인과 결과에 대한 전통적인 주장과 어긋났다. 악명 높은 보어-크라메르스-슬레이터(BKS) 논문에는 그렇게나 미친 생각이 담겨 있었다.

세 사람의 이론은 에너지와 운동량 보존이 개별적인 많은 과정의 평균으로 작용한다는 것을 보여줄 때만 실험 결과와 일치했다.

보어가 새로 장만한 티스빌데의
여름 별장 근처에서……

아인슈타인에게는 다행스럽게도 BKS 논문은

틀렸다!

그것도 아주 많이 틀렸다. (수학적으로 전혀 옳지 않았다.) 어찌나 잘못됐던지, 그 잘못을 바로잡으려면 새로운 입자(중성미자)까지 예언해야 했다.*
보존에 관한 법칙에는 보어의 전설적인 직관이 제대로 작용하지 않았지만, 확률, 원격작용, '원인과 결과는 없다' 같은 추론은 앞으로 물리학이 다루어야 할 논제를 제시했다.

*그 계산은 파울리가 했는데, 파울리는 '보어들'이 그 사실을 좋아하지 않았다고 하면서, 토론거리가 생겨서 정말 즐거웠다고 했다.

그것이 보어의 방법이 갖는 문제였다.*

그러니까……
원자모형을 제안할 때
계산하지 않았다는 겁니까?
그게 모두……

퍽

추론이라는
말씀입니까?

글쎄, 자네도 알다시피
'추론'이란 건 이상한
표현일세. 그건……

퍽

'그건 말이야, 파울리. 자네
말처럼 엄청난 직관이라고
해야 하는 거야.'

*보어의 방법이 갖는 또 다른 문제를 알고 싶다면, 295쪽 '슬레이터' 편을 보자.

"보어도 무엇이 문제인지는 알았지만, 계산할 방법이 없었다."
1925년은 상황이 그랬다. 그리고 그해에 하이젠베르크는 괴팅겐대학교에서 제의한 교수직을 수락하고
코펜하겐을 떠났다. (고작 스물두 살이라는 어린 나이였다.)

하지만 6월이 되자, 하이젠베르크는 꽃가루 때문에 화분증이 심해져서 앞을 볼 수 없을 지경이 되었고, 도저히 수업을 할 수가 없었다.

잔뜩 지친 하이젠베르크는 통통 부은 얼굴을 하고 괴팅겐을 떠나 북해에 있는 헬골란트 섬으로 갔다.

괜찮아질 거예요.

하이젠베르크는 헬골란트 섬에서도 제대로 자지 못했다. 이번에는 괴테의 시를 암기하고……

등반하고……

"시를 이해하고 싶은 사람은 시의 땅으로 가고,"

"시인을 이해하고 싶은 사람은 시인의 땅으로 가야 한다."

양자역학을 발명했기 때문이다.

하이젠베르크는 헬골란트 섬에서 태양계를 닮은 보어의 원자모형을 영원히 버렸다.

그러나 보어의 '대응원리'는 채택했다. 대응원리란 보어의 양자수 N과 M이 아주 커지면 고전역학과 양자역학의
간격이 좁아진다(혹은 흡사 일치하는 것처럼 보인다)는 원리다.
하이젠베르크는 이를 염두에 두고 가장 큰 전자궤도에서부터 반대로 고민했고, 새로운 방법으로 양자 도약을
하는 데 필요한 전자의 에너지를 계산하고자 고전물리학의 개념을 활용했다.

전자의 에너지를 운동량 p(드 브로이를 기억하자)와
궤도에서의 위치 q를 이용해 함수로 만든
하이젠베르크는 이상한 점을 발견했다.

에너지를 계산할 때
p와 q라는 문자를 쓰는 이유는 중요하지 않다.
중요한 것은 순서를 바꿔 곱하면
계산 결과가 달라진다는 것이다.
pq-qp는 0이 아니었다.
하이젠베르크의 계산대로라면

pq-qp=h/2πi였다.
π=3.1415926······이고, i=$\sqrt{-1}$ 였다.
h는 플랑크상수다.

하이젠베르크의 발견은 수학적으로나 철학적으로나 단순한 도약이 아니었다. 그것은 엄청난 도약이었다.

수학은 건너뛰고 곧바로 결론을 살펴보자. (하이젠베르크가 옳게 계산했다고 믿자.)
1) 먼저 좋은 소식은 원자가 안정하다는 것이다……. 나쁜 소식은 하이젠베르크가 옳다면 원자는 보어의 작은
   태양계 모형처럼 생기지 않았으며, 사실은 그 무엇처럼도 생기지 않았다는 것이다.

2) 두 번째 좋은 소식은 하이젠베르크의 발견 덕분에 '전자(혹은 광자)는 입자이자 파동인가?' 라는 질문에 분명히
   '그렇다'라고 대답할 수 있다는 것이다. 두 번째 나쁜 소식은 그 질문에 분명히 '그렇다'라고 대답할 수 있다는
   것이다.

그러나 파울리는 막스 보른, 파스쿠알 요르단, 폴 디랙과 마찬가지로 하이젠베르크의 이론을 설명하는 수학을 찾아냈다.
(세 사람 모두 독자적으로 해법을 알아냈다.)

"게다가 이상 제이만 효과*도 설명할 수 있습니다!"

보른과 요르단은 자신들이 알아낸 수학을 '행렬역학'이라고 불렀다.
몇 달 뒤에 하이젠베르크는 마침내 마음을 굳게 먹고
자신이 알아낸 사실을 보어와 상의하기로 마음먹었다.

*앞의 '새로운 세대'에서 나온 적이 있는데
기억하는가? 독자도 이 문제를 해결했다는
사실에 안도할 거라 믿는다.

'행렬역학'이라고
부르다니, 유감입니다.

파울리한테 들었네.
그 이름 때문에 자네가
화를 냈다며?

그런 이름은, 그건,
너무 수학적입니다.

하이젠베르크는 1926년에 코펜하겐으로 돌아왔다. 보어와 하이젠베르크는 하이젠베르크의 이론을 철학적으로
풀려고 고심했다.

하지만……
하지만……

어떻게 입자인 동시에 파동인
물질이 있을 수 있어?

몇 달 동안 보어는 입자이며 파동인 상태가 동시에 존재하는 이유를 설명하려고 고심했다.
설사 두 상태가 상호배타적이라고 해도 완벽하게 기술할 필요가 있었기 때문이다.
그러나 하이젠베르크는 p나 q 같은 측정값이 모두 정확하고 수학에 모순이 없다면 그것으로 충분하다고 주장했다.

가을, 겨울을 지나 1927년이 될 때까지 같은 문제로 씨름했지만 결론이 나지 않자,
보어는 노르웨이로 스키 여행을 떠나고 하이젠베르크는 코펜하겐에 남았다.
보어가 떠나 있는 동안 하이젠베르크는 불확정성 원리를 생각해냈다.
하이젠베르크는 (거의) 이렇게 말했다.

첫째, 하이젠베르크는 정확한 위치는 측정할 수 없다고 했다.
예를 들어 눈금이 100cm 단위인 자로는 1cm를 정확하게 표시할 수 없는 것처럼 말이다.

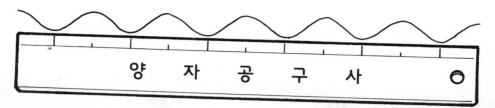

양 자 공 구 사

측정한다는 것은 본다는 것이다. 한 물체의 위치(q)를 물체에 부딪쳐 튀어나온, 파장이 λ(람다)인 빛을 이용해 측정하는 데는 두 가지 의미가 있다.

첫째, 파장은 자의 눈금과 같아서 λ에 비해 q의 측정값은 훨씬 부정확할 수밖에 없다.

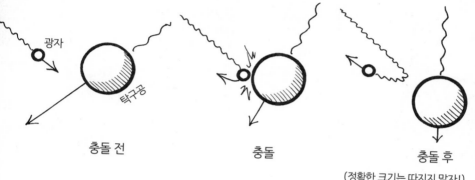

| 광자 | 탁구공 |

충돌 전   충돌   충돌 후

(정확한 크기는 따지지 말자!)

둘째, 빛은 덩어리(광자)로 이동하므로 탁구공처럼 큰 물질도 뒤흔든다. 아주 조금이라고 해도 말이다.
파장이 짧을수록 광자(혹은 물체)의 에너지가 크다.
특정 시간에 광자가 한 물체의 위치(q)를 정확하게 알려준다는 것은
그 광자가 그 위치에서 훨씬 멀어졌다는 뜻이다.[24]

이것을 수학으로 나타내보자.

Δq = 위치의 불확정성 $\geq \lambda$

드 브로이의 방정식을 살짝 바꾸면 이런 방정식이 된다.

Δp = 운동량의 불확정성 $\geq h/\lambda$

광자가 물체에 부딪치면 운동량이 변하므로 이것을 함께 표시하면 이런 방정식이 된다.

$\Delta q \times \Delta p \geq h/\lambda \times \lambda$

$\Delta q \Delta p \geq h$

바로 불확정성 원리의 한 예이다.

24) 위치와 운동량은 서로 영향을 미치므로 그 두 가지를 동시에 관측하여 정확하게 측정할 수 없다.

또 다른 불확정성 원리인 $\Delta E \Delta t \gtrsim h$는 입자 에너지(E)와 그 에너지를 가지고 있는 시간(t)과 관계가 있다.
(약간 어려운 개념인데, 앞으로 또 나올 것이다.)

하이젠베르크는 한 달쯤 뒤에 돌아온 보어에게 자신이 생각한 내용을 보여주었다.

처음 논문을 보았을 때 보어는 신이 났지만, 곧 결점을 찾아내고 수정하라고 지시했다.

하지만 결국 하이젠베르크는 불확정성 원리에 관한 논문을 고치지 않은 채 그대로 출간했다.
그래도 하이젠베르크는 주석에서 보어가 오류를 수정해주어 고맙다고 인사했다.

독일로 돌아간 하이젠베르크는 보어에게 편지를 썼다.

"선생님이 저를 배은망덕하다고
생각하실까 봐 몹시 불행합니다.
저는 거의 매일 선생님과의 일을 생각하고,
그렇게 하지 말았어야 했다고 후회합니다."

보어에게 반대하려는 의도가 전혀 없는 하이젠베르크였지만,
하이젠베르크의 양자이론은 보어의 양자이론을 밀어내고
말았다. 하이젠베르크는 보어의 도움을 받아 보어의 이론을
하나씩 뒤집어 엎었다.

보어는 훗날 이렇게 말했다.

디랙*과 하이젠베르크가
논문에 실은 내용은 명확했지.
내가 생각해낸 건 아니지만, 우리가
기다리던 내용이 분명했어.

보어 박사

하이젠베르크가 처음에 논문 제목에
불확정성이 아니라 부정확성이라고
썼다는 걸 꼭 기억하자고.

그때 난 불확실성이라고
쓰고 싶었어.

도 서 관

하지만 '비결정성'이라고
쓰는 게 더 좋았을 거 같군.

*또 나왔다. 디랙이 누굴까? 디랙을 알고 싶다면 296쪽 '아, 그 디랙' 편을 보자.

25) 프랑스의 수학자이자 천문학자. 고전역학 시대의 수학과 태양계 연구에 지대한 공헌을 했다.

솔베이 회의(1927~1930년)

하이젠베르크가 '코펜하겐 정신'이라고 부른 보어 연구소의 분위기는 유쾌하게 강렬했다.

아니면 강렬하게 유쾌했다고 할 수 있다. 실험실에서는 논쟁을 벌였지만……,

숲에서는 축구를 하거나 스키를 탔고……,

밤새도록 포트와인이나 맥주를 마시며……,

거꾸로 뒤집히는 팽이를 가지고 놀았다.

글쎄요, 보어 교수님. 교수님은 양자 도약이 정말 터무니없는 생각이란 걸 이해할 수 있을 겁니다.

도대체 양자 도약을 하는 동안 전자가 어디에 가 있어야 한다는 말입니까?

그런 질문은 의미가 없어요.

그런 질문을 하느니 차라리 미국 신문에 실리는 연재만화의 그림과 그림 사이에 무슨 일이 생길까를 묻는 게 낫겠죠.

며칠 밤을 새운 뒤에

훌쩍!

지금 박사는 도통 생각을 하지 않고 있어요. 그저 논리적이고 싶은 것뿐이에요.

반드시 명심해야 하는 것은 보지 못한다고 해서 양자 도약이 없다고 단정하는 건 옳지 않다는 거지요.

우리의 개념은 직접 실험한 내용에 기반을 두지는 않아요.

나는 개념에 함의된 철학은 논의하고 싶지 않습니다.

콜록!

나는 그저 원자에서 일어나는 일을 알고 싶을 뿐입니다.

하지만 입자처럼 행동하는 연속적인 파동이라는 박사의 개념으로는 모순을 제거할 수 없어요.

그건 사라지는 게 아니라 단순히 다른 공간으로 이동한 거지요.

그리고 박사의 방정식은 특정한 위치에서 입자를 찾을 확률을 뜻한단 말이오.

즉 하이젠베르크의 이론과 같아요.

콜록!

그게 저는……

박사의 확률은 낡은 생각을 더는 고집하면 안 된다고 말하고 있어요.

닐스!

물론 지적할 생각은 없어요.

그저 알고 싶어서 묻는 거뿐이에요!

코펜하겐 정신에는 유쾌한 면은 물론 가혹한 면도 있었다.
양자역학에 관한 '코펜하겐 해석'이라고 부르는 개념은 이런 논쟁을 거치면서 발전했다.

코펜하겐 해석은 네 가지를 제시한다.

첫째, '코펜하겐 연구소'에서 다룬 하이젠베르크의 불확정성(비결정성) 원리.

둘째, 불확정의 원리 때문에 계는 관찰자에 영향을 받는다는 생각.

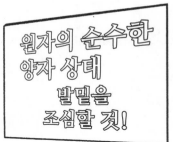

원자의 순수한 양자 상태 발밑을 조심할 것!

"세계 움켜잡은 동안에는 내 파이프는 내 몸의 일부다."

"따라서 내가 주변을 관찰하는 동안, 내가 꼭 쥔 파이프는 주변 사물을 뒤흔들면서 주변 사물의 본질을 훼손하거나 변형한다."

"내가 움켜잡은 힘을 풀면 파이프는 내 몸의 일부가 아니라 하나의 물체로 돌아간다."

"이제 파이프는 내 주변에 영향을 덜 미친다."

쾅! 으악! 으윽!

나(관찰자)에게 정보를 전달하는 능력이 줄어드는 것이다.

코펜하겐 해석의 세 번째 측면은 양자 효과의 확률적 본질로, 이는 슈뢰딩거의 파동함수와 하이젠베르크의 행렬역학이 본질적으로 내포하는 개념이다.

둘이 아주 다른 개념 같아 보여도 말이다![26]

네 번째이자 마지막 조각은 보어가 말한 '상보성'이다.

한 물체의 파동적 행동과 입자적 행동이 상호배타적이라고 해도, 그 물체의 특성을 이해하려면 두 개념이 모두 필요하다.

나는 이런 성질을 '상보성'이라고 부르기로 했는데, 이건 뉴턴, 라플라스, 플랑크, 아인슈타인 같은 고전물리학자가……

맞다. 아인슈타인이다. 아인슈타인은 이렇게 말했다.

그러나 양자물리학자는 이렇게 말한다.

두 기술이 서로 배타적이라면 둘 중 하나는 틀린 거야.

한 물체가 파동처럼 행동하느냐, 입자처럼 행동하느냐는 관찰한 장비에 따라 달라져.

26) 두 방법 모두 입자의 위치와 운동량을 확률적으로 보는 것인데 행렬역학은 조금 더 입자적인 관점으로, 파동함수는 파동적인 관점으로 보는 것이다.—감수자주

보어와 하이젠베르크 같은 보어파 학자들은 코펜하겐 해석을 이루는,
수학과 실험이 뒷받침하는 이 네 아이디어를 가지고……

1927년, 솔베이 회의에 갔다!

1927년에 열린 솔베이 회의는 보어가 처음으로 참석한 솔베이 회의였다.
그러니 과히 이론물리학의 올스타전, 우드스톡 록페스티벌, 올림픽이라고 할 수 있었다.
엄청난 과학자들이 브뤼셀로 몰려든 것은 전혀 이상한 일이 아니었다.

슈뢰딩거, 파울리, 하이젠베르크, 크라메르스, 디랙, 콤프턴, 드 브로이, 보른, 보어, 플랑크, 마리 퀴리,
아인슈타인 같은 엄청난 과학자들이 한자리에 모였다. 당연히 과학자들은 논쟁을 벌였다.

보통 찬성도 온화하게, 반대도 정중하게 하는 일반 회의와는 사뭇 달랐다.

양자론에서 물체와 (시공간 상에서 물체를 기술하거나 측정하는) 관찰자 사이의 경계는 관찰자가 있는 방향으로 점점 이동합니다. 따라서 양자론의 관점에서 보면 '실재'에 관한 지식은 그 본질상 불완전할 수밖에 없는데⋯⋯

양자역학은 아주 인상적이야. 하지만 내 내면의 소리는 양자역학이 옳지 않다고 하는군.

모든 걸 확률로 설명하다니, 완전하지 않아.

매일 아침, 식사 때마다 아인슈타인은 코펜하겐 해석이 틀렸음을 밝히려고 '사고실험'을 고안해왔다.

어, 어, 제 생각엔 우리 입장이 곤란해진 거 같군요.

무슨 말씀을 하시는 건지 잘 모르겠습니다.

이건 분명히 내 잘못이야.

저런, 해결할 수 있을 거예요.

정말 그랬다.

저녁 시간이 되면 보어는 어김없이 아인슈타인이 제기한 문제에 답을 제시했다.

두 사람은

어, 어, 제 생각엔 우리 입장이 곤란해진 거 같군요.

무슨 말씀을 하시는 건지 잘 모르겠습니다.

이런 일을 회의 기간이 내내

이건 분명히 내 잘못이야.

저런, 해결할 수 있을 거예요.

반복했고 결국……

아인슈타인이

자네들, 양자…… 물리학자들은 말이야, 자네들은……

폭발해버렸다!

156

이런 젠장! 자네들은 모두 기껏해야 '보행기'를 타면서 '물리적 현실'을 피해 멀리 가려고 애쓰는 걸세.

양자역학은 완전할 수 없네. 자네들의 불확정성 원리는······.

신은 주사위 놀이를 하지 않네.

일상어로 신의 특성을 표현할 때는

아주 신중해야 하지 않을까요?

157

아인슈타인은 뒤에 슈뢰딩거에게 보내는 편지에 이렇게 썼다. "하이젠베르크와 보어가 제시하는 그 수면제 같은 철학은 (종교일지도 모르겠소만) 너무나 정교하게 다듬어놔서 믿는 사람에게는 절대 제정신을 차릴 수 없게 하는 부드러운 베개를 제공하고 있어요. 그러니까 그런 사람들은 그냥 누워 있게 내버려둡시다. 그 망할 종교는 나에게 아무 영향도 미치지 않으니까."

아인슈타인은 결국 양자역학으로 개종하지 않았다. 보어와 아인슈타인의 논쟁은 1930년에 열린 솔베이 회의까지 이어진다. 그때 아인슈타인은 보어에게 마지막 도전장을 내민다.

시계를 조작해서 재빨리 셔터를 연 다음에 광자를 한 개 내보내는 거야.

그리고 다시 무게를 재는 거지.

어, 어?

우린 셔터를 내렸다 닫기 전과 후의 상자 무게를 알고

광자 한 개의 무게도 아네.

$E=mc^2$ 기억하지? 광자의 무게를 알면 에너지의 양도 정확하게 알 수 있지.

시계가 있으니까 질량을 기록한 시간도 알아.

어, 어?

그러니 '입자의 에너지와 그 에너지를 가진 시간을 동시에 정확하게 알 수는 없다'*라는

불확정성 원리는 틀린 걸세.

*앞에서 분명히 우리를 괴롭히려고 다시 나올 거라고 했던 거 기억하는지?

보어의 친구가 말한 것처럼 "보어는 크게 충격을 받았고…… 그 자리에서는 아무 대답도 하지 못했다. 그날 밤 너무나도 불행했던 보어는 이 사람, 저 사람을 붙잡고 하소연했다."

사실일 리가 없네.

사실일 수 없어. 만약 고전 이론이 틀렸다면…….

당연히 틀렸죠.

그리고 양자론도 틀렸다면 말이야……

그게, 그러니까, 선생님 말씀이 옳다면 물리학은 끝난 겁니다.

하지만 물리학은 끝나지 않았다.
그날 밤 보어와 하이젠베르크의 시간은 상보성의 전통에 걸맞게 아주 느리면서도 재빨리 흘러갔다.

거의 h다.

그리고 그것은 그랬다.

아인슈타인은 5년 뒤 새로 부임한 뉴저지 주 프린스턴 고등연구소*에서 다시 한 번 양자론을 공격한다.

이번에 아인슈타인이 보리스 포돌스키와 네이선 로젠과 함께 공격한 개념은 하이젠베르크의 불확정성 원리가 아니었다.

아인슈타인과 포돌스키, 로젠(세 사람의 이름을 따 EPR이라고 부른다)은 대신 두 입자가 만드는 '얽힘 상태'에 주목했다. 얽힘 상태에서는 한 입자가 특정 스핀을 가지면 다른 입자는 다른 스핀을 가져야 한다.

*아인슈타인이라면 당연히 그랬겠지만,
그는 히틀러가 권력을 잡은 순간이 유럽을 떠나야 할 바로 그 시기임을 일찍 깨달은 사람 중 한 명이었다.

163

따라서 한 전자가 처음 측정한 장소에서 멀리, 멀리 이동한 뒤에 한 전자의 스핀을 측정하면 그 전자는 어떻게
하든지 다른 전자에게 자신의 정보를 전달해야 하네.

그 즉시 말이야.

하지만 내 특수상대성이론은
빛보다 빠른 건 없다고 했네.
그래, 자네는 이 으스스한 '원격작용'을
어떻게 설명할 건가?

아인슈타인은 어떻게 결론을 내렸을까?
그는 양자론이 밝히지 못한 내용이 분명히 있으며, 그러므로 양자론은 불완전하다고 했다.

보어는 어떻게 대답했느냐고? 물론 보어답게 했다.

박사님은 충분히 크게
생각하지 못하고 계십니다.

짓궂게도 EPR이 발표한 논문과 같은 제목('물리적 실재에 관한 양자역학적 기술을 완전하다고 할 수 있을까?')으로 논문을 발표한 보어는 이렇게 설명했다.

*정말이다. 물체의 최대 속도에 관한 아인슈타인의 정의를 훼손하는 이 원격 통신은 실험으로 입증되었다. 그중 한 예가 www.gt-labs.com/suspended.html에 있다. 웹페이지 아래쪽에 있는 '양자 얽힘, 무시무시한 원격작용, 텔레포트와 당신(Quantum Entanglement, Spooky Action at a Distance, Teleportation, and You)'을 클릭해보자.

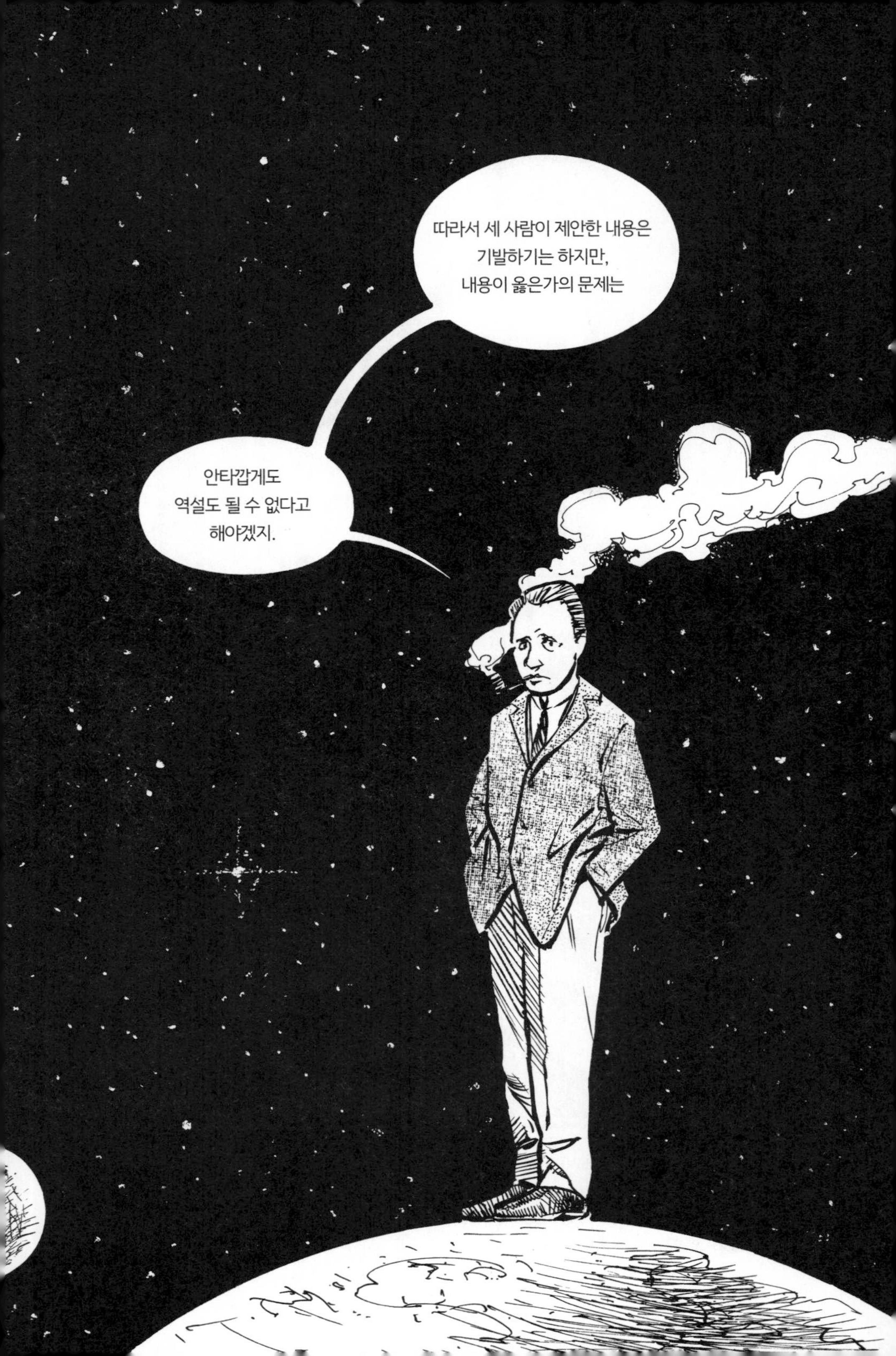
따라서 세 사람이 제안한 내용은 기발하기는 하지만, 내용이 옳은가의 문제는
안타깝게도 역설도 될 수 없다고 해야겠지.

집으로

아인슈타인은 끝까지 양자론을 믿지 않았다. 코펜하겐으로 돌아온 보어는 곧바로 원자의 전체 구조를 밝히려고 노력했다.

그 같은 시도는 여러 과학자의 주목을 받았고, 많은 과학자가 보어의 연구소로 왔다. 그중에는 점점 악화하는 유럽의 정치 상황 때문에 찾아오는 사람도 있었다.

27) Betty Frøken Schultz. 닐스 보어의 조수.
28) Otto Frisch. 영국 물리학자로 리제 마이트너의 조카다.

제발, 제발 그냥 오토라고 부르세요.

이모님은 잘 계세요. 감사합니다.

프뢰켄 슐트 양. 소장님은 지금 안에 계신가요?

아직 안 오셨어요, 란다우 박사님.

하지만 저온 장비에 관한 안내서는 도착했어요.

고마워요. 소장님이 오면 회의 시간을 잡아줘요.

베티! 오늘 아침엔 정말 아름답구려!

170

게오르…… 아니, 가모 박사님, 제발요.

헤, 우리 작은…… 잡지에 실을 원고가 온 게 있소?

네, 그래요. 박사님에게 온 게 하나가 있네요.

'란다우 계수에 작용하는 우주선의 영향력에 관하여'라고 적혀 있네요.

하! 이거 누가 쓴 건지 알겠소!

보어는 언제나 신청서와 함께 긴 (정말 아주 긴) 편지를 보냈고, 반드시 자신이 직접 연구비를 신청한 곳에 찾아갔다.

신청 기관이 록펠러 재단이건 카를스베르 재단이건 간에 상관없이 보어가 신청한 연구비는 언제나 지급됐다.

왜냐하면……

쯧쯧, 언제나 너무 조금만 신청하신다니까.

더 많이 신청하라고 하랄 박사님이나 보어 부인에게 말씀드려야겠어.

박사님은 신청서를 근사하게 써서 통과된다고 생각하지만, 천만의 말씀.

쯧쯧.

그건 보낸 사람이 보어 박사님이기 때문이야.

록펠러 재단은 보어가 '굉장히 매혹적이고 충격적'이라고 한 생물 연구에 투자했고, 카를스베르 재단은 기초 물리학 연구를 지원했다.

카를스베르 재단은 보어에게 에레스보리그[29]라는 새 거처도 마련해주었다.

카를스베르 재단 설립자이자 마스터 브루어[30]였던 야코브 크리스티안 야콥센은 자신의 집에 '과학, 문학, 예술 분야에서 가장 유명한' 덴마크인이 살게 하라는 유언을 남겼다. 보어는 대학 때 자신에게 철학을 가르친 하랄 회프딩에 이어 두 번째로 에레스보리그에서 살게 되었다.

보어가 에레스보리그에 제일 먼저 초대한 사람은 당연히 러더퍼드 가족이었다. 그러나 보어는 곧 능숙한 주인이 되어 물리학계 외부까지 손님 명단을 넓혔다.

프레데릭 폐하!
와주셔서 감사합니다.

보어의 명성이 국제적으로 널리 알려지면서 덴마크 국왕 프레데릭 9세, 영국 여왕 엘리자베스 2세 같은 군주와 윈스턴 처칠이나 이스라엘의 벤 구리온 같은 정치인도 찾아왔고……

〈모라는 이름의 다섯 남자[31]〉를 작곡하셨죠?

아니, 그건 루이스 조던[32]이죠.

화가와 음악가도 방문했다. 각계각층의 인물들이 모두 에레스보리그에 모여 신나게 파티를 즐겼다.

훌쩍.

현대미술은 도통 이해가 안 돼요.

난 아주 마음에 드는데.

왜요?

모든 수학 법칙에 반항하고 있잖아.

30) 양조 과정과 품질을 책임지는 사람.
31) Five Guys Namend Moe.
32) Louis Jordan. 1970년대 중후반 활동했던 흑인 재즈 아티스트.

보어 가족의 사회적 명성이 높아지는 동안 유럽에서는 관용이 사라지고 두려움이 커졌다.
보어의 삶은 여전히 과학에 초점을 맞추고 있었지만, 세계정세는 보어의 삶에 커다란 영향을 미치기 시작했다.

보어는 망명 지식인 후원회 회원으로, 또 개인적으로 동료들이 귀중품을 숨기고 해외에서 일자리를 얻을 수 있도록 도왔다.

*보어는 동료들이 노벨상을 수상할 때 받은 메달을 산(酸)에 녹여 보관했다. 자기 메달은 전쟁이 발발한 뒤에 핀란드 전쟁 구호 단체로 보냈다.

175

그 무렵 보어 가족은 여러 번 슬픈 일을 겪었다. 1933년에는 보어의 친한 친구이자 뛰어난 물리학자 파울 에렌페스트가 자살했고, 1934년에는 큰아들 크리스티안이 보트 사고로 죽었다.*

보어의 연구소는 여러 가지 일을 겪으면서도 계속 앞으로 나갔다.

연구소를 방문한 사람들(그중에는 피란을 온 사람도 있었다)은 보어가 연구 지원금을 시설에 투자하지 않고 연구와 학생들을 위해서만 쓴다는 사실에 깊은 감명을 받았다.

막스 보른이 이 학생을 추천했다고, 베티?

네, 보어 박사님.

그럼 알겠다고 전해요. 오라고 해요. 분명히 연구비를 지원할 수 있을 거요. 그러니까 한, 한······.

한 달은 가능하겠죠.

적어도 두 달은 있어야 할 거요.

다음 주에 오는 학생과 함께 하이젠베르크가 쓰던 다락방을 쓰면 되지 않겠소?

생활비를 줄여야겠군요.

어휴!

*보어의 또 다른 아들 하랄은 아주 어린 나이에 병에 걸려 죽었다. 늘 그렇듯이 보어는 자신의 슬픔을 유명한 이야기로 달랬다. 300쪽 '끼사 고타미' 이야기를 참고하자.

프뢰켄은 보어가 예기치 않은 손님을 만나는 것을 막는 방법으로도 필요한 예산을 줄였다. 시답잖은 사람들도 일단 보어에게 이야기를 늘어놓기만 하면 얻는 게 있었기 때문이다.

물론 보어 연구소라고 해서 늘 쓸 만한 이론을 내놓지는 않았다. 사실은 그 반대였다. 지금 BKS처럼 실패한 가설 이야기를 하는 게 아니다.

보어 교수님의 쉰 번째 생일을 맞아 원래는 과학 논문을 실은 '기념 논문집'을 발행하려고 했습니다.

하지만 그런 논문을 준비하면 교수님께서 논문을 검토하실 테고, 그러면 당연히 심각한 고민에 빠질 테니 부랴부랴 취소했습니다.

대신 웃긴 내용을 잔뜩 실은 기념 논문집을 발간하자고 제안하는 바입니다.

보어의 생일 선물 성냥갑 50개

박장대소, 모두 찬성했다. 그렇게 해서 가모가 그림을 그리고 독일어, 덴마크어, 영어, 일본어로 쓴 《익살맞은 물리학지》[33]가 탄생했다.

앞에서 언급한 에드워드 텔러, 한스 베테, 오토 프리슈, 빅토르 바이스코프의 '우주선'에 관한 글도 이 잡지에 실린 내용이다.

《익살맞은 물리학지》는 몇 년 동안 두 권을 더 발행했는데, 누군가 개구리라는 이름으로 제출한 「새 코끼리의 아이」[34], 레온 로젠펠트가 쓴 「라플라시아로의 항해」[35], 1955년에 제네바에서 열린 '평화를 위한 알코올' 회담에 관한 보고서 등이 실렸다.

---

33) 《The Journal for Jocular Physics》   35) 「A Voyage to La Placia」
34) 「The New Elephant's Child」

1930년대 중반부터 말까지는 모든 사람의 마음에 평화가 자리하고 있었다. 그러나 유럽에서 이런 희망은 빠르게 사라졌다. 그래서 인류학회 및 민족지학회 국제회의에서 보어는 이렇게 연설했다. 햄릿처럼 보어도 헬싱외르에서 연설했다.

역사적 환경까지도 우리 모두에게 (정규 회의록에서 논의한 내용이 아닌) 삶의 흥, 흥미로운 측면에 관해 말하는 이 특별한 시기에

여러분이 과학자연철학의 최근 발달과 그에 관한 인류의 인식론적인 측면에서 일반적인 문제를 √살펴볼 수 몇 마디만 있도록 √하겠습니다.

물론 보어는 약속을 지키지 않았다. 셰익스피어가 창조한 인물 가운데 가장 길고 장황한 대사를 읊은 햄릿처럼 보어도 몇 마디 말로 연설을 끝내지 않았다.

보어는 상보성과 언어에 관해, 분리할 수 없는 물리학과 인류의 문명에 관해 강연했다.

그런 식으로 고찰하는 즉시 우리는, 어린아이는 누구나 특별한 문화에 적응하는 성향을 가지고 태어난다는 널리 퍼진 믿음에 정말로 충분한 근거가 있는가, 혹은 물리적 배경이 아주 다른 곳에서도 같은 문화가 생겨나고 번영할 수 있다고 가정하면 안 되는가 라는 문제에 직면하게 됩니다.

적어도 이번만은 보어가 정확하게 자기 생각을 전달한 게 분명했다. 그렇게 말할 수 있는 이유는 연설이 끝나기도 전에 퇴장한 독일 대표단이 다시는 돌아오지 않았기 때문이다.

핵물리학

1930년대 초에 보어는 한 회의에서 그 뒤 10여 년 동안 함께 연구할 레온 로젠펠트를 만났다.
로젠펠트는 그 일을 이렇게 묘사했다.

로젠펠트는 뒤에 이렇게 말했다. "그분이 쓰는 용어 때문에 오해할 수 있다는 걸 알았지. 하지만 그건 준비
과정이었을 뿐이야. 진짜 입문식이 남아 있었거든."

"보어 교수님이 나를 작은 방으로 불렀다. 나를 탁자

앞에 세우더니 갑자기 탁자 주위를 아주 경쾌하게

185

"그 대가의 말씀을 하나도 놓치지 않으려고 귀를 바짝 세우고 있어야 했고,

양자역학 이야기를 들으면서 어지러웠다.

계속 도는 그림을 따라

마침내 교수님은 걸음을 멈추고 말씀하셨다."

그들이 얘기 도중간간간히 방향을 바꿀 수 있었다.

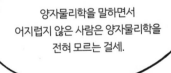

양자물리학을 말하면서
어지럽지 않은 사람은 양자물리학을
전혀 모르는 걸세.

이것은 원자핵처럼
보이는 방울이다.
보어가 만든
원자 안에 있고

당연히 진동은 파동이다. 따라서 하이젠베르크나 슈뢰딩거의 파동방정식을 이용해 계산할 수 있다.

*보어가 처음 발표한 논문은 '표면장력'에 관한 내용이었다. 학창 시절에 쓴 논문인데 당연히 기억하겠지?

이 원자모형은 보어의 또 다른 혁신이었을까, 아니면 엄청난 실패작이었을까?

그 무렵에는 나라마다 라듐이나 우라늄 같은 무거운 원자에 중성자를 쏘는 실험을 하는 과학자가 있었다. 로마에 있던 위대한 실험물리학자 페르미도 마찬가지였다.

내가 가진 모든 원소에 같은 실험을 해봐야겠어.

더 많은 상호작용을 유도하고자 핵을 향해 쏘기 전에 중성자를 파라핀*에 통과시켜 속도를 늦추었지. 그런데 아주 이상한 결과가 나왔어.

리제 마이트너도 동료 과학자 오토 한과 프리츠 슈트라스만과 함께 비슷한 실험을 했다. 1938년, 유대인이었던 마이트너가 독일을 떠나 스톡홀름으로 간 뒤(코펜하겐에 들렀다 갔다), 오토 한과 슈트라스만은 우라늄으로 마이트너가 설계한 실험을 해보았다.

느린 중성자를 우라늄에 쏘면 중성자나 알파입자가 나와야 해요. 하지만 이건, 너무 엄청난데요.

우리 측정값에 문제가 있는 거야. 리제한테 편지를 써서 의견을 물어봐야겠어.

이것은 원자핵처럼 보이는 방울이다. 보어가 만든 원자 안에 있고 진동에 따라 스펙트럼이 생기고 많은 성분을 포함한 이것은 껍질과 핵으로 이루어져 있으며

*페르미가 중성자의 속도를 늦춘 이유는 무얼까? 페르미의 말처럼 "사전 경고도 없었고, 추론을 앞서는 자각도 없었다." 그저 이론가로서 보어가 발휘한 직관과 정확히 일치하는 (혹은 상호보완적인) 실험가로서 페르미가 발휘한 직관일 뿐이었다.

코펜하겐에서 보어 연구팀은 카드뮴과 붕소가 중성자를 흡수하는 실험과……

전쟁 중에는 여기에 보관하는 게 안전하겠어요.

그래, 아무런 문제가 없을 거야.

과학적으로 좋은 생각이기도 하고.

노벨재단에서 받은 귀중한 금메달을 숨기는 실험을 했다.

유럽의 정치 상황이 심각해지자, 1938년에 페르미가 잠시 코펜하겐을 방문했다. 그해 초에 보어는 노벨재단의 규칙을 깨고 페르미가 노벨상을 받을 가능성이 크다는 소식을 그에게 전했다. 그해 12월, 페르미는 노벨상을 받으러 유대인이었던 아내와 아이들을 모두 데리고 스톡홀름에 왔다. (사실 페르미에게는 노벨상보다 상금이 더 중요했다.) 그곳에서 페르미는 아주 긴 여행을 준비했다.

체류 기간이 6개월이라고 말했다고?

그렇습니다. 파시스트는 무식하게 힘만 세지 영리하진 않더군요.

참, 모자 감사합니다. 아이들이 모두 좋아하네요.

아인슈타인을 비롯한 많은 과학자처럼 페르미도 미국으로 떠났고, 다시는 자신이 태어난 나라에 돌아가지 않았다.

그것은 리제 마이트너도 마찬가지였다. 며칠 뒤, 오토 프리슈가 마이트너를 찾아왔다.

1938년 12월 25일
스웨덴 쿵엘브

나야 잘 지내고 있지.
너희 엄마는 어떠니?

잘 지내세요.
안부 전하라고
하셨어요.

한과 슈트라스만의 연구는
어떻게 되고 있어요?

그게, 이걸
읽어보렴.

음,

우라늄에 중성자를 쏘면 바륨처럼
행동하는 라듐 동위원소가 나온다고요?

두 사람이 그런 결과가 나왔다면
틀림없는 거야. 두 사람 모두 뛰어난
화학자야. 원소를 착각할 리 없어.

그런가요? 한은 이렇게 썼군요. "아마도 당신이 근사한 설명을 해줄 수 있을 것 같소.
우리가 아는 건 우라늄은 두 개의 다른 원소로 깨질 수 없다는 것뿐이오."

자, 그럼
이 현상을 한번
설명해보세요,
리제 이모.

191

그래,
한번 해보자꾸나.
먼저 원자핵이 액체
방울이라고 한 보어의
모형을 생각해보자.

느린 중성자가 원자핵의
표면장력을 능가하면……

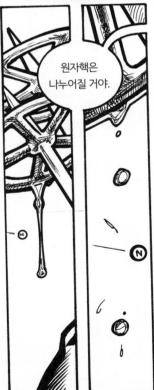

원자핵은
나누어질 거야.

하지만……

하지만이라…… 일단
표면장력이 깨지면 두 조각은
더 멀어지겠지. 그것도 아주
빠르게 말이야. 두 조각은 모두
강한 양전하를 띠고 있어.

그렇죠.

한이 옳다면 두 조각 난
우라늄 핵은 원래 우라늄
핵보다 질량이 작을 거야.
중성자가 튀어나왔을 테니까.

그리고 아인슈타인이
밝힌 대로 질량이 감소하면
에너지가 방출되겠지.

193

다른 사람은 물론이고 보어조차도 자신이 제안한 모형에 숨은 뜻을 깨닫지 못했다.
프리슈에게 리제 마이트너의 이론을 전해 들은 보어는 뛸 듯이 기뻐했다.

그리고 세 번째 《익살맞은 물리학지》에는 다음과 같은 결론을 내린 '보어가 만든 원자'라는 시가 실렸다.

이것은 원자핵처럼
보이는 방울이다.
보어가 만든
원자 안에 있고
진동에 따라
스펙트럼이 생기고
많은 성분을
포함한 이것은
껍질과 핵으로
이루어져 있으며
(전에 보어가 말한 것처럼)
대응원리를 제공한
상보성을 우리에게 알려준다.
오늘은 보어를 축하하는 날이다!

비록 완벽하지는 않지만* 보어의 액체 방울 모형은 그가
물리학에 기여한 수많은 업적을 잇는 마지막 공헌이었다.
지금도 많은 과학자가 액체 방울 모형에서 많은 도움을 받는다.

보어와 로젠펠트는 마이트너와 프리슈가 내린 (보어의 결론이기도 한) 결론을 들고 1939년에 미국으로 출발했다.

*예를 들어 원자껍질에 관한 보어의 아이디어만 해도 훨씬 정교하게 다듬어지고 있다. 1975년에 원자핵 연구로
  노벨상을 받은 보어의 아들 오게도 그런 작업을 했다.

미국에 도착한 로젠펠트는 그 결과를 존 휠러에게 말했다.

휠러는 I. I. 라비에게 말했고, 라비는 페르미가 있는

컬럼비아대학교에 그 사실을 말했다. 페르미는 라디오 프로그램에 나가 그 사실을 말했고……

결국, 모든 사람이 알게 되었다. 이미 모든 사람이 알아버려서 보어가 할 수 있는 일은 그 사실을 발견한 사람이 마이트너와 프리슈임을 알리는 일뿐이었다. 보어의 노력 덕분에 모두 두 사람이 핵분열을 발견했다는 사실을 알게 되었다. 보어는 여러 차례 노벨상 후보로 두 사람을 추천했지만, 끝내 두 사람은 노벨상을 받지 못했다.

그 뒤 상황은 아주 빠르게 진행됐다. 보어는 곧 핵분열은 우라늄의 희귀 동위원소*인 235우라늄의 핵(중성자 143개, 양성자 92개로 이루어졌다)을 느린 중성자로 때려야만 일어난다는 사실을 깨달았다. 하지만 보어로서는 약 오르게도 그 생각을 즉시 받아들이는 사람이 없었다.

당신이 생각하는 것보다 우리는 일치하는 게 더 많다니까!

*전체 우라늄의 0.7%만 235우라늄이다. 즉 우라늄이 140개가 있으면 그중에 한 개만 235우라늄이라는 뜻이다. 나머지는 핵 속에 중성자가 146개, 양성자가 92개 든 238우라늄이다.

어떤 동위원소가 나누어지는지에 상관없이, 히틀러가 슬로바키아와 루테니아를 해방하고(히틀러의 주장이다) 체코슬로바키아를 독일제국에 합병한 다음 날, 컬럼비아대학의 페르미 연구팀은 막대한 에너지를 방출하는 분열을 대략 설명하는 논문을 발표했고……

몇 달 뒤 보어와 휠러는 「핵분열의 메커니즘」이라는 논문을 완성했다. 이 논문은 1939년 9월 1일 자《피지컬 리뷰》[36]에 실렸다.

이 무렵에 역사는 단 하루도 기다려주지 않았다. 같은 날 히틀러는 폴란드를 침공했고, 제2차 세계대전이 발발했다.

---

36)《Physical Review》. 미국의 과학 학술잡지로 지금도 발행되고 있다.

전쟁과 만남

유럽에서 일어난 전쟁이 핵물리학 연구에 크게 영향을 미치지는 않았다. 우수한 많은 과학자가 이미 서쪽으로 떠났기 때문이다. 오토 프리슈와 루돌프 파이얼스*는 영국에 정착했고, 그들보다 앞서 떠난 아인슈타인과 페르미는 미국에 정착했다.

전쟁이 핵물리학의 발전에 어느 정도 박차를 가하기는 했지만, 1933년에 러더퍼드가 했던 것과 비슷한 생각을 하는 사람이 많았다.

보어도 러더퍼드와 같은 생각이었는데, 그 이유는 과학이나 이론적 이유가 아니라 기술적인 문제 때문이었다.

한 달 뒤 프리슈와 파이얼스가 235우라늄으로 폭탄 한 개를 만들 때 필요한 임계질량을 발표했다. 그 양은 몇 톤 정도는 아니지만 그래도 10억 분의 1g보다는 훨씬 많았다. 독일은 덴마크를 점령하고 덴마크가 '독일제국의 보호를 받아야 한다'는 사실을 분명히 했다.

*루돌프 파이얼스는 보어와 함께 연구한 뛰어난 수학자로 영국으로 망명했으며, '보어가 만든 원자'라는 시를 지었다.

노르웨이에서 자신의 235우라늄에 관한 논문이 출간된다는 소식을 들은 보어는 덴마크로 돌아왔다.

코펜하겐에 돌아오자마자 보어는 사실상 가택에 연금되었다.

보어의 연구소에는 보어가 빨리 덴마크를 떠나야 한다는 편지가 날아들었다. 어머니가 유대인이었고,
보어가 지식인의 망명을 돕는다는 사실이 널리 알려져서 나치는 보어와 하랄, 그리고 보어 가족을 감시했다.

그러나 보어 가족은 떠나지 않기로 했다. 보어 형제는 과학적 의미뿐 아니라 좀 더 미묘한 측면에서도 덴마크를
지배하려는 나치의 의도에 맞서는 상징이었기 때문이다.

나치는 곧바로 덴마크에 독일문화 연구소를 세웠다. 1941년에 하이젠베르크가 그곳에서 공개 강연을 했지만, 보어는 참석하지 않았다. 하지만……

베르너.

왜 온 건가?

교수님! 교수님을
뵈니 기쁩니다!

그래서 두 사람은 이야기를 나누었다. 예전에 그랬던 것처럼. 하지만 완전히 예전 같지는 않았다.
하이젠베르크는 독일에 있었고, 많은 사람이 그가 암암리에 나치에 협조한다고 생각했다.
물론 하이젠베르크는 그렇게 생각하지 않았다.

37) Norsk Hydro. 원자폭탄 개발에 필요한 중수를 생산하는 공장이었다.—감수자주

하이젠베르크는 계산 결과를 가지고 왔을까?

계산 결과가 있다고 해도,
자네도 알겠지만 내 알 바가 아닐세.

더구나 자네가 어디까지 해냈는지도
내가 알 바가 아니야.

하이젠베르크는 보어에게 전할 말이 있었을까?

그게 나에게 보낼 편지라면 지금
여기서 읽게. 함께 논의해보도록 하세.

하지만 만약 다른 사람에게 전달해야
할 내용이라면 나는……

전달해줄 수 없네.
이런 상황에서는 말이야.

두 사람은 무엇을 보았을까?
두 사람 모두 다른 사람에게 이날
있었던 일을 말하지 않았으므로
정확히 어떤 일이 있었는지는
알 수 없다.

그날 숲에는 두 사람만 있었다.

전……

교수님, 전……

자네는 핵분열을 이용해
무기를 만들 수 있다고 생각하나?

전......

한 가지 물어보고
싶습니다.

전쟁 상황에서 핵을 연구하는
과학자에게 윤리를 선택할
권리가 있을까요?

물론이네.

핵물리학을 적용하는데도 윤리적 권리가 있다는 말씀입니까?

군은 당연히 물리학자를 활용하려고 하겠지.

그러니 변명은 할 수 있을 걸세.

하지만 우리는……
군대가 과학을 활용하고자 하면
그 누구도 자유로울 수 없다고
생각하는데요.

과학은
자유로워야 하네.

아, 자네 제국이 다시
보안을 유지하려는 거 같군.

이제 우리가
함께할 수 있는 시간은
끝난 것 같네.

그 무렵 과학 잡지에서는 핵분열을 포함한, 원자와 관계가 있는 연구 내용은 거의 사라졌다.
보어의 연구팀은 다른 사람의 연구 결과가 절실하게 필요했는데도 말이다.

보어 팀은 영국과 미국에 있는 페르미나 파울리 같은 사람이 계속 연구한다는 사실을 알았지만,
1943년 초가 되자 그 누구도 원자에 관해 발표하지 않았다.

이 마이크로도트는 사람이 직접 전달한 공식 문서였다.
중성자를 발견한 제임스 채드윅이 보낸 편지로,

보어가 덴마크를 떠날 준비가 됐다면 기꺼이 영국에서 환영하겠다고 쓰여 있었다.

과학 연구를 자유롭게 할 수 있는가! 이것이 교수님의 결정에 영향을 미칠 한 가지 요인임을 압니다.
교수님께서 오시면 지금 제가 고민하는 문제를 해결하는 데 크게 도움이 될 겁니다.
어떤 문제인지는 자세하게 적을 수 없지만, 분명히 교수님께서 흥미를 느낄 문제입니다.

---

38) 1mm 크기로 축소한 작은 문서나 사진.

이 절박한 상황 속에서 나는 √자유로운 우리 연구소에 가하는 위협에 반대하는저항하는 것을 돕고 이곳에 망명해 있는 과학자들을 돕는 일이 내 의무라고 생각하네.

미래에는 어떻게 될지 모르겠지만 나는 √원자물리학이 최근에 발견한 것을 즉시 적용한다는 것은 비현실적이라고 확신하네. 그러나 상황이 다르게 국제적인 협력을 통해 보이는 순간이 오면 나는 √인류의 진보를 복구하는 일을 도울 걸세. 그때가 되면 나는 기쁘게 내 친구들의 노력에 동참할 걸세.

보어가 원래 쓴 편지는 이보다 두 배는 길었다. 내용을 많이 줄였는데도 덴마크 저항 단체 소속 치과의사는 마이크로도트를 운반인의 이에 간신히 밀어 넣을 수 있었다. 보어의 답장은 신속하게 영국으로 건너갔다.

(기스 대령이 수정한 뒤 가지고 있던 편지는 그보다는 훨씬 무난한 방법으로 영국으로 건너갔다.)

보어가 친구들의 노력에 동참하게 된 것은 그로부터 불과 몇 달 뒤였다.

1943년 8월 23일, 덴마크 저항 단체가 사보타주[39]를 벌이는 일이 많아지자 나치는 사보타주 가담자를 사형할 것을 요구한다. 덴마크 정부는 나치의 최후통첩을 거부하고, 정부 관료 전원이 사임한다. 덴마크 군대는 나치가 사용하지 못하도록 군함을 모두 불태우고……

덴마크 정부는 덴마크가 독립국이 아닌 피점령국이라고 선포한다.

─────────────

39) 적이 사용하는 것을 막거나 저항 의지를 드러내고자 고의로 시설이나 장비를 파괴하는 행위.

나치는 9월 28일, 닐스와 하랄을 체포하려고 했지만, 유대인을 대대적으로 체포하기로 한 이틀 뒤로 미룬다.

보어 형제는 자신들이 체포될 것임을 9월 28일에 알았다.

폰 라우에가 자기 메달을 지키려고 여기에 보냈다는 걸 알면 폰 라우에는 사형될 거야.

금은 묻는 것보다는 녹이는 게 나. 나치는 산성용액에 금이 있다는 걸 모를 거야.

보어는 망명한 친구들의 흔적을 지운 뒤……

그날 밤 모든 일이 잘되고 있다는 신호로 고개를 끄덕여 보인 뒤

기다리던 배를 타고 스웨덴으로 갔다.

스웨덴에 도착한 보어는 곧바로 스웨덴 왕을 만났다.

실제로 스웨덴 정부는 그런 발표를 했는데, 보어의 노력도 그에 기여했다.* 그러나 스톡홀름에는 나치 요원이 많아서 오래 머물 수 없었다. 영국 정부의 제안을 받아들인 보어는 스웨덴에 도착하자마자 경량급 폭격기의 폭탄투하실에 몸을 숨기고 스웨덴을 떠났다.

*스웨덴에 도착한 보어는 24시간이 채 되지 않아 군테르[40] 외무부 장관, 국왕, 왕세자, 여러 정부 관료를 만났다. 보어의 노력이 100퍼센트 성공한 것은 아니지만, 덴마크에서는 기록적으로 많은 유대인이 살아남았다. 303쪽 '완장' 편을 참고하자.

───────────────

40) Gunther.

헬멧이 너무 작아서 보어는 조종사가 신호를 보내도 헬멧을 쓰지 못했다. 산소가 부족해 기절한 보어가 응답하지 않자 조종사는 고도를 낮추고 북해 바로 위를 날아 영국으로 갔다.

영국에서 보어는 곧 회복했다. 다른 가족은 모두 스웨덴에 남았지만, 보어의 조수 역할을 할 아들 오게는 영국으로 건너왔다. 영국에서 연합군이 원자폭탄을 만들고 있다는 소식을 들은 보어는……

미국이 원자로를 만들 만큼 235우라늄을 충분히 확보했다고?

페르미 연구팀이 마침내……

제임스 채드윅 경 (1891~1974년) 1935년 노벨상 수상자

정말 놀라운 일이군!

영국에 있는 동안 소련의 초대를 거절한 보어와 오게는 11월 28일에 미국으로 떠났다. 《뉴욕 타임스》는 보어가 미국을 방문하는 목적은 전쟁이 끝난 뒤에 협력 체제를 구축하기 위해서라고 했다. 기사는 보어가 앞으로 하게 될 역할도 예측했다.

연합군의 전쟁 수행 능력에 커다란 영향을 미칠 계획이라고 한다.

하이젠베르크가 보어에게 보여준 것이 무엇이건 간에 (실제로 있었다면 그렇다는 것인데), 어쩌면 보여준 것이 없어서 보어가 원자폭탄에 관한 계획을 세웠을 수도 있다. 원자폭탄은 기술의 문제가 아니라

정치의 문제였기 때문이다.

평화를 위한 정치

소련에 비하면 아주 친한 사이였지만, 미국과 영국은 여전히 서로를 완전히 믿지는 않았다. 두 나라 모두 자국의
원자폭탄 연구에 보어를 참여시키고 싶어 했다. 당시 영국은 튜브앨로이스 프로젝트[41]를 진행하고 있었고,
미국은 맨해튼 프로젝트를 진행하고 있었다.
그러나 워싱턴에서 보어를 경호하던 사람들이 곧 알아챈 것처럼 보어는 좋은 인질이 아니었다.

또한, 좋은 요원도 아니었다.
더구나 보어는 한쪽을 희생하면서
다른 쪽을 도울 생각이 없었다.
더더구나 보어 자신의 생각처럼
보어의 임무는 폭탄 제조가 아니라,
《뉴욕 타임스》에 점점 더 많은
기사를 실어 그 사실을 세상에
알리는 것이었다.

41) Tube Alloys Project. 당시 진행되었던 영국의 핵개발 프로젝트.

물론 보어가 정치를 모르는 사람은 아니었다. 소련의 운영 방식을 보려고 직접 소련을 방문하기도 했고, 레프 란다우*를 석방하고자 스탈린에게 직접 연락하기도 했다. (그 시도는 성공하지 못했다.)

하지만 보어는 역시 보어였다. 보어는 원자폭탄에는 상보적 특성이 있다고 믿었다. 원자폭탄은 기회를 제공하는 만큼 문제가 될 것이 분명했다.

이 상황을, 세계 안보를 위협하는 문제를 공개적으로 토론하는 기회로 삼아야 하네.

안 그러면 전쟁이 끝난 후에 이 동맹은 깨지고 말 거야.

아, 그로브스 장군이로군요?

베이커 씨군요. 이분은 제임스 베이커 씨고요.

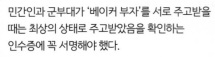

민간인과 군부대가 '베이커 부자'를 서로 주고받을 때는 최상의 상태로 주고받았음을 확인하는 인수증에 꼭 서명해야 했다.

네, 네 맞습니다. 지금 막 오게,

윽!

아니 제 아들에게 국가 간 신뢰를 쌓아야 한다는 말을 했어요. 그러려면 서로 비밀이 없어야 합니다.

*앞의 '집으로'에서 (집으로 돌아가는) 란다우를 마지막으로 봤다.

그로브스 장군은 닐스와 오게, 즉 니콜라스와 제임스와 함께 워싱턴에서 로스앨러모스까지 가는 짧은 여행 동안 맨해튼 프로젝트의 중심부에 도착한 후 두 사람이 할 수 있는 말과 할 수 없는 말에 관해 설명하기로 했다. 그러나 기차가 서쪽을 향하는 동안 대화 주제는 바뀌었다.

223

아, 닐스 교수님!

아니, 니콜라스 씨!

베이커 씨, 제임스 씨. 잘 오셨습니다.

오펜하이머 박사, 박사를 만나서 정말 기쁘군요. 박사의 프로젝트는…….

아니, 여기선 그 이름으로 부르지 않습니다.

모두 박사님을 뵙고 싶어 합니다. 가는 동안 텔러 박사가 간략하게 설명해드릴 겁니다.

닐스 보어

장군님, 왠지 조금 피곤해 보이는…….

보어 박사가 계속 말을 해서…….

보어는 미국을 모두 둘러보지는 않았다. 그러나 아주 바쁘기는 했다. 보어는 들르는 곳마다 만나는 사람들에게 군축 협상을 해야 한다고 했다. 이미 보어를 만난 적이 있는 과학자도, 만난 적이 없는 과학자도 모두 보어를 잘 알았다.

모든 해법에는 본질적으로 아주 크고
깊은 어려움이 존재합니다.

그리고…… 그리고 나는
이 폭탄 문제도 그처럼 크고
깊은 것이라고 믿습니다.

세부적인 기술은 문제가 아닙니다.
그런 문제는 수학과 공학으로

거뜬히 풀 수 있겠죠.

더구나 그런 무기가 없어도
연합군은 이길 겁니다.

그러나 이런 무기가 있다면
신뢰와 신용이 무너지고 결국
연합은 해체되고 말 겁니다.

하지만 지금 즉시 소련을 아주 깊숙이
끌어들인다면 전쟁이 끝난 뒤에도
안정된 세계를 만들 수 있습니다.

우리는 분명히 그래야 합니다.
왜냐하면, 지금은 정부가 시민에게 제공하는
안보만으로는 전적으로 부족하기 때문입니다.

그 사실은 날이 갈수록 분명해졌다. 워싱턴에 돌아온 보어는 친구이자 대법관인 필릭스 프랭크퍼터에게 군축 협상을 해야 한다고 했다.

보어 때문에 비밀이 새어 나간다면 큰일이었다. 맨해튼 프로젝트는 해리 트루먼 부통령도 모르는 일급비밀이었다.

다행히 프랭크퍼터는 루스벨트 대통령과 아주 가까운 친구이자 조언자였고, 보어의 말에 공감했다. 그래서 보어는 공식 문서를 가지고 런던으로 떠났다. 영국 수상 윈스턴 처칠을 만나기 위해서였다.

보어는 몇 주 동안 처칠을 만나지 못했다. 그때 러시아에서 보어에게 초대장을 보냈다. 모스크바에 있는 보어의 친구 카피차가 스톡홀름에 있는 보어의 부인에게 보낸 초대장이 몇 달이 지나 런던에 있는 처칠 정부 요원을 거쳐 보어에게 전달된 것이다.

그런데 그 시기가 좋지 않았다.

이 프로젝트는 지금까지 시도했던 그 어떤 것보다도…… 더…… 자연의 흐름에 관섭할 것입니다.

이 무기가 얼마나 빨리 완성되고 사용되는가, 그리고…… 그리고 이 전쟁에서 어떤 역할을 할 것인가에 상관없이, 이런 상황은 시급한 주의를 기울여야 할 문제를 많이 불러일으킬 것입니다.

그와 관련된 과학 문제를 탐구하면 할수록 앞으로 국가 간에 그런 무기를 둘러싼 끔찍한 경쟁이 있을 것은 분명한데, 그런 경쟁은 진정한 신뢰를 바탕으로 하는 국제적 합의가 있어야만 피할 수 있습니다.

그런 비밀 경쟁을 막으려면 군비 강화를 포함한 모든 산업적 노력을 개방하고 정보를 교환한다는 합의를 세워야 하며, 동시에 모든 협력 국가가 앞으로 있을지 모를 유례없는 재앙에 대비하려면 공동 안보를 구축하려는 노력을 기울여야 합니다.

박사!

분명히 말씀드려야 할 점은 제가 이런 의견과 제안을 말씀드린다고 해서 관계자들 모두를 만족하게 하고자 정치인들이 택한 방법이 얼마나 어렵고 미묘한지를 제가 모른다고 생각하면 안 된다는 겁니다. 그러나 여러 나라 과학자들이 개인적으로 연락하면 꼭 필요하고 비공식적인 예비 접촉을 할 수 있을 겁니다.

박사!

보어 박사.

제 목표는 측면, 그러니까 이 프로젝트에서 공통 원인이 지속적으로 이득이 될 수 있게 바꾸는 노력을 용이하게 만들 몇 가지 측면을 알리는 것입니다.

박사! 박사는 지금 내 시간을 낭비하고 있소.

지금 당신은 폭탄에 관해 말하는 거요. 물론 아주 큰 폭탄이지. 하지만 폭탄은 폭탄일 뿐이야.

인제 그만 하시오. 난 아주 바쁜 사람이오.

하지만, 하지만,

제 의견을 적어서 보내드릴까요?

물론 박사가 편지를 보낸다면 언제든지 환영할 거요.

하지만 정치 이야기는 하지 마시오.

보어와 처칠의 만남은 어째서 실패했을까? 거기에는 여러 이유가 있지만, 주로 다음과 같은 이유 때문이다.

1. 보어는 미리 준비한 연설을 할 때는 그다지 설득력이 없었다.

2. 처칠은 처웰 경에게서 아직 원자폭탄은 없으며 모든 것이 이론일 뿐이라는 설명을 들었다.
   폭탄을 한 개 만들 때 필요한 235우라늄이나 플루토늄을 충분히 확보하지 못했다는 이야기도
   함께 들었다. 더구나 당시 과학자들은 폭탄을 만들려면 재료가 얼마나 필요한지도 정확히 몰랐다.

3. 반면 처칠은 몇 주 뒤면 디-데이(노르망디 상륙 작전일)가 된다는 사실을 알았다.
   (당연한 일이다. 처칠 자신이 계획한 거니까.)

처칠에게 정치 이야기를 담은 긴 편지를 보낸 뒤에 영국을 떠난 보어는 이번에는 좀 더 온화하고 이해심 많은
루스벨트 대통령에게로 시선을 돌렸다. 루스벨트 대통령은 프랭크퍼터 대법관에게 미리 경고를 받았다.

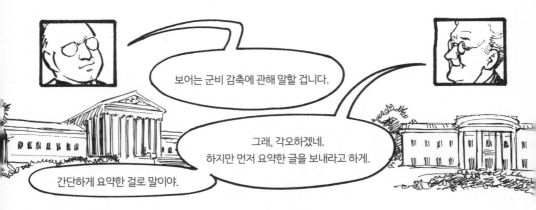

그래서 뜨거운 워싱턴의 햇볕을 쬐면서 보어는 며칠 동안 짧은 보고서를 쓰려고 애를 썼다.

대통령 각하!

정확성과 명료함은 상보적입니다. 따라서 짧은 글로 정확하게 설명할 수는 없습니다.

그러나 그렇다고 하더라도……

우리는 전쟁으로는 해소할 수 없는 전적으로 새로운 상황에 부닥쳐 있습니다.

핵무기로는 그 누구도 이길 수 없습니다.

더구나 그런 무기를 만들려는 경쟁은 너무나도 파괴적입니다. 따라서 우리는 경쟁이 아니라 반드시 협력을 해야 합니다.

이전처럼 우리가 모두 맹목적으로 계속한다면 우리를 전부 심연으로 이끌 위험에 관해 가장 심각한 교훈을 얻게 되겠지만, 동시에 우리는 그 어떤 때보다 인류가 사람의 생명을 위해 함께 노력함으로써 행복한 상황을 만들 수 있다는 위대한 소망을 품게 되었습니다.

아버지,

아직은 아주 좋아요.

두 사람의 만남은 좋았다. 루스벨트 대통령은 보어가 처칠을 만났을 때 있었던 일을 듣고 즐거워하면서 처칠이라면 그랬을 것이라고 동의해주었고, 보어의 제안을 사려 깊게 들어주었다. 두 사람은 사담을 나누며 즐거운 시간을 보냈다.

그래서 제가 "수상께서 믿지 않으셔도 효과가 있다고 들었습니다."* 라고 했습니다.

하지만 보어가 루스벨트 대통령에게 후속 편지를 보내기 전에 대통령은 처칠을 만나려고 퀘벡으로 갔다. 그 무렵(1944년 9월 말) 연합군은 프랑스를 해방하고 독일로 진격했다. 상황은 나아지고 있었지만, 보어가 제안한 열린 세상과는 상관이 없었다.

또한, 보어와도 상관이 없었다.

어떻게 보어를 이 일에 끌어들일 수가 있소? 처웰이 부탁해서 한 번 만나 봤는데, 전혀 마음에 들지 않았소.

그 머리하며, 웅얼거리는 거 하며……

*어떤 이야기인지 자세히 알고 싶은 사람은 304쪽 '편자' 편을 보자.

결국, 루스벨트 대통령도 처칠의 의견에 동의했다. 그래서 두 사람은 '1944년 9월 19일에 하이드파크에서 대통령과 수상의 담화문'을 발표했다. 담화문은 세 가지 내용을 담고 있었다.

1. 튜브앨로이스를 세상에 알려야 하며, 그에 관한 규제와 사용 범위를 국제적으로 합의해야 한다는 제안은 받아들일 수 없다. 이 문제는 계속 일급비밀을 유지해야 한다.

2. 미국과 영국 정부는 일본이 항복한 뒤에도 군사적 목적으로 튜브앨로이스를 개발하는 일에 완벽하게 협조한다.

3. 보어 교수가 어떤 활동을 하는지 조사해야 하며, 정보를 누출하지 않도록 (특히 러시아에 전달하지 못하도록) 확실히 조처`해야 한다.

튜브앨로이스는 영국이 진행한 핵무기 개발 프로젝트의 이름이다. 담화문에 튜브앨로이스라는 명칭을 사용한 것으로 보아, 담화문은 영국 사람이 작성한 것을 알 수 있다.

나중에 오펜하이머가 말한 것처럼 "(원자폭탄에 관한) 우리의 독점권은 햇살 아래 녹고 있는 얼음 케이크와 같았다. 보어는 조처를, 그것도 적절한 시기에 조처를 했으면 했다……. 보어는 충분히 일찍 틀을 바꾸어, 앞으로 생길지도 모를 문제를 처음부터 없애려고 했다."

따라서 마침내 군축 협상을 위한 중간위원회가 1945년 4월에 열리고, 또 열리고, 또 열리고, 또 열리고, 또 열렸지만, 실질적인 합의를 이끌어내지 못했고, 오펜하이머는 보어를 위로하고자 찾아가야 했다.

열린 세계를 위해

거꾸로 뒤집히는 팽이는 특별하게 생긴 모양(각 부분의 비율) 때문에 세게 돌리면 축을 중심으로 관성모멘트를 최소로 하려고 회전하게 되고, 결국 가장 무거운 부분이 위로 올라간다. 그 이유는 팽이와 팽이가 회전하는 표면과의 마찰력 때문이다. 바로 이 마찰력이 팽이를 뒤집는 돌림힘[42]을 제공한다. (일단 팽이가 뒤집히면 회전속도가 감소하는데, 무게중심이 처음보다 훨씬 무거워졌기 때문이다. 그 과정에서 운동에너지가 위치에너지로 전환한다.)

1950년대에는 언제나 (전자, 원자, 팽이 같은) 회전체에 관심을 가졌던 보어를 비롯한 많은 과학자가 뒤집히는 팽이의 행동을 물리적으로 그리고 수학적으로 밝히려고 노력했다. 그러나 1872년에 J. H. 젤레트가 『마찰력 이론에 관한 논문』[43]이라는 책에서 처음 제안한 방정식은 풀기가 어려웠다. 젤레트의 방정식이 발표되고 100년이 훌쩍 지난 뒤에야, 슈테판 에벤펠트[44]와 플로리안 셰크[45]가 컴퓨터 분석 결과의 도움을 받아 작성한 보고서 「점근적 상태와 리아프노프 안정성- 뒤집히는 팽이에 관한 새로운 분석」[46] (《애널스 오브 피직스》[47] 234호 195쪽, 1995년)에서 더욱 우아한 방정식을 소개했다.

---

42) torque, 물체에 작용해 물체가 회전하는 원인이 되는 물리량. '비틀림모멘트'라고도 한다.
43) 「Treatise on the Theory of Friction」
44) Stefan Ebenfeld.
45) Florian Scheck.
46) 「A New Analysis of the Tippe Top: Asymptotic States and Liapunouv Stability」
47) 《Annals of Physics》

1945년 8월, 보어는 자기 연구소로 돌아오기 전에, 심지어 일본이 항복하기도 전에, 대중에게 처칠의 수상 관저 잔디밭 근처에서 군축 협상과 열린 세계에 관한 자기 생각을 알렸으며……《런던 타임스》에 '과학과 문명'이라는 글을 실었다.

보어는 《런던 타임스》에 대중 앞에서 발표한 내용을 실었고, 같은 원고를 《사이언스》에도 보냈다.

하지만 그 어떤 노력도 실제로 대중의 관심을 끌지는 못했다. 세계는 아직 군축 협상을 생각할 준비가 되어 있지 않았다. 그러나 러시아는 마침내 보어의 친구 표트르 카피차의 편지를 이용해 보어를 붙잡는 데 성공했다. 당시 소련 정부는 카피차의 출국을 막고 있었다.

보어는 개방을 옹호했지만, 인터뷰에 협조적인 사람은 아니었다. 실제로 러시아 대표를 만난 이유도 오직 하나, 한 덴마크 국회의원이 부탁했기 때문이다. 보어는 러시아 대표인 라코프 테르레츠키가 도착하기 전에 러시아 대표를 만난다는 사실을 미국과 영국에 알렸다.

보어에게서 러시아 대표는……

아무것도 얻지 못했다. 덴마크 정부와 회담이 진행되는 동안 방 밖에서 권총을 장전하고 서 있던 보어의 아들 에르네스트가 그 만남을 지켜보았다. (그때 에르네스트는 변호사였다.)

그 경고는 정당했다. 과학자들은 전쟁을 망치고 있었다.

보어는 소련과의 군비 경쟁 때문에 베르너 폰 브라운 같은 독일 로켓 전문가에게 거절할 수 없는 제안을 할 것이라는 사실을 잘 알았다. 또한, 그는 영국 교외에 있는 팜홀에 무기한으로* 억류되어 있던 하이젠베르크가 했다는 말을 전해 들었음이 거의 분명했다.

국제 정세는 불안정했고 과학자들은 소용돌이 한가운데 있었다. 그래서 보어는 행동에 나섰다.

분명히 이때쯤에는 연구소를 설계한 건축가도 머리가 희끗희끗해졌을 것이다.
하지만 60대가 되어 더욱 강인해진 건축가는 새로운 도전에 임할 준비가 되어 있었다.

*다시 말해서 하이젠베르크와 그의 연구팀은 어떤 사실을 알며 어떤 일을 했는지 밝혀질 때까지 갇혀 있어야 했다. 하이젠베르크 팀은 핵무기에 관해서는 아는 사실도 한 일도 거의 없음이 밝혀졌다.

덴마크 정부는 물리학계 안팎에 기여한 보어의 역할을 인정해 코끼리 훈장을 수여했다. 코끼리 훈장은 보통 왕족이나 국가수반이 받았다.

1947년

파시스트를 피해 유럽을 떠난 보어의 동료들은 전쟁을 끝낸 원자폭탄 제조에 중요한 역할을 했지만, 레오 실라르드*를 제외하면 핵무기를 막고자 노력한 과학자는 없었다.

*실라르드는 보어만큼 유명하지 않았다. 그래서 실라르드의 노력은 널리 알려지지 않았다.
**아브라함 파이스는 보어의 친구로 보어의 전기를 썼다. 314쪽에 실은 '참고 서적' 편에 파이스의 책을 비롯한 보어와 그의 업적을 더욱 깊이 이해할 수 있는 책들을 소개했다.

_____
48) Contraria Sunt Complement.

보어는 이 편지를 벌써 몇 달 전부터 쓰고 있었다. 루스벨트 대통령과 처칠 수상에게 보낸 내용까지 포함하면 사실상 몇 년 동안 쓰는 셈이었다. 보어는 1950년에 프린스턴에 갔을 때도 줄곧 편지를 작성했다.

잠시 쉴 때는 딘 애치슨 국무장관 같은 미국 고위 정치인을 만났다.

보어는 나머지 30분을 방해받지 않는 (또한, 방해할 수 없는) 독백으로 채웠다.

코펜하겐에 돌아온 보어는 제 뜻을 분명히 알리려고 명확하게 설명하는 내용을 더 길게 추가해 수십 쪽에 달하는 편지를 작성했다. (그보다 더 길게 쓸 수도 있었을까? 보어라면 당연히 가능했을 것이다.)

이 편지를 들고 국제연합으로 갈 거야.

거기서 분명하고 당당하게 열린 세상을 요구할 거야.

1950년 6월 9일, 보어는 자비로 편지를 수천 부 인쇄해 국제연합에서 배포했다.
보어의 편지는 역사의 흐름을 바꾸었고, 냉전은 그 즉시 종결됐다.

그래, 그런 일은 일어나지 않았다.

역사는 불과 2주 뒤에 한국전쟁이 발발하는 것으로 전개되었고,
몇 달 뒤에 미국은 인류 최초로 수소폭탄을 터트렸다.
일본에 떨어뜨린 원자폭탄보다 1000배나 강력한 수소폭탄은 한 섬을 통째로 날려버렸다.[49]

---

49) 사실은 비키니 섬 인근에 있던 산호초 섬 세 개가 사라졌다.

역사는 그런 것이다.

비록 성과는 없었지만, 보어는 절대 포기하지 않고 죽을 때까지 열린 세상을 위해 노력했다. 그 공로를 인정받아 1957년에 제1회 '원자력평화이용상'⁵⁰⁾을 수상했다. 몇 달 뒤에 소련은 스푸트니크 인공위성을 발사했다.

보어는 받은 상을 손에 들고 또 한 번 전 세계가 서로 신뢰하고 이해해야 한다고 강조했다.

50) Atoms for Peace Award.

전쟁이 끝난 뒤에 국제연합에 공개편지를 보냈다고 해서 보어가 전적으로 철학적이고 정치적인 삶을 산 것은 아니다. 당연히 과학적인 삶도 살았다. 그러나 이제는 이론과학자라기보다는 유명 인사였고 행정가였다.

1952년에는 유럽입자물리연구소[51](CERN, 세른) 초대 이론물리학회장이 되었다.

보어가 맨 처음 제안한 사업은 당연히…… 소박한 것이었다.

51) European Organization Nuclear Research.

세른의 연구소는 주로 스위스와 프랑스 국경 지대에 있었고, 다른 열한 개 나라에도 있었다.

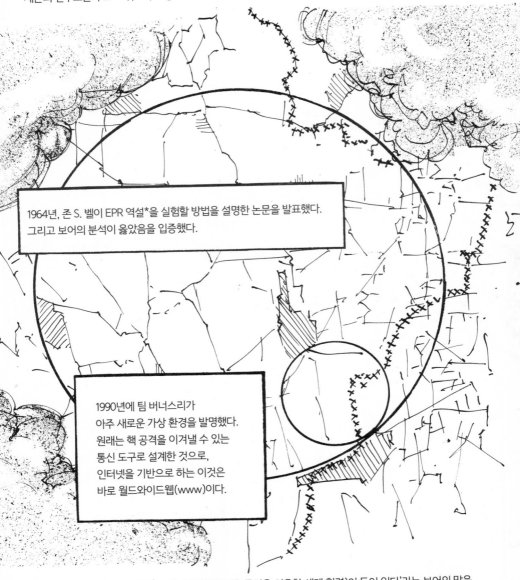

1964년, 존 S. 벨이 EPR 역설*을 실험할 방법을 설명한 논문을 발표했다. 그리고 보어의 분석이 옳았음을 입증했다.

1990년에 팀 버너스리가
아주 새로운 가상 환경을 발명했다.
원래는 핵 공격을 이겨낼 수 있는
통신 도구로 설계한 것으로,
인터넷을 기반으로 하는 이것은
바로 월드와이드웹(www)이다.

웹은 '모든 문제(원자폭탄)는 그 안에 해법(더 나은 통신을 이용한 세계 협력)이 들어 있다'라는 보어의 말을 입증하는 증거일 수도 있다.

그래, 비약이 너무 심했는지도 모르겠다. 아직 단정하기는 이르다. 그러나 웹의 주요 특징, 즉 전 세계 사람들이 어떤 방법으로 정보를 직접 주고받는지를 생각해보자. 보어라면 분명히 웹을 좋아했을 것이다. (비선형적이고 카오스적 특성을 나타낼 때도 있다는 사실쯤은 개의치 않았을 것이다.)

*무시무시한 '원격작용' 이야기를 기억하는지?

국제협력과 열린 세상에 관한 보어의 신념은 거의 종교에 가까웠다. 보어는 루터파 교회를 1912년에 떠났지만, 신앙과 철학에 관한 책은 보어가 세계를 보는 관점에 여전히 영향을 미쳤다. 말년에는 어렸을 때 관심을 두었던 철학에 다시 흥미를 느꼈다.

보어가 끝없이 문장을 고치고, 복잡한 문장을 사용하고, 상보성과 모순을 생각하는 것은 모두 묄레르의 『한 덴마크 학생 이야기』에 나오는 구절 때문이다.

> "나는 설명할 수 없는 의문을 풀고자 나 자신을 괴롭혔다. 사람은 어떻게 생각하고 말하고 쓸 수 있는가? …… 마음은 일정한 선을 따라 움직이지 않으면 앞으로 나갈 수 없다. 그러나 그 선을 따라가기 전에 반드시 미리 생각한다. 따라서 생각하기 전에 모든 생각을 이미 생각한 것이다. 그러므로 모든 생각은 찰나의 작용 같아 보이지만 영속성을 전제한다."

> "생각의 불가능성에 관한 통찰력은 그 안에 불가능성을 내포하며, 인식은 다시 그 안에 설명할 수 없는 모순을 수반한다."

따라서 자기 생각을 관찰하면, 관찰자와 행위자가 자꾸 자리를 바꿔서 그 행위는 줄거리가 복잡한 드라마가 된다.

하이젠베르크의 원리처럼 관찰자는 관찰이라는 행위를 통해 결과를 바꾼다. 결국 '객관적 실재'는 없는 거다.

내가 좋아하는 또 다른 철학자 쇠렌 키르케고르가 『인생길의 여러 단계』[52]에서 말한 것처럼 "신앙은 신이 실제로 존재한다는 우리의 생각이 갖는 확실성과 신의 존재에 관한 '객관적 불확실성' 사이의 모순이다."

따라서 키르케고르는 "신을 객관적으로 이해할 수 있다면 나는 믿지 않을 것이다. 그러나 분명히 그럴 수 없으므로 믿어야만 한다."라고 했다.

내가 신앙을 간직하고 싶다면 12만 6천 미터 깊이의 수면 위에 머물 수 있도록 끊임없이 불확정성에 매달려야 해…….

톰 믹스

퍼플 세이지의 기수 톰 믹스

하지만 내 생각엔 이건 깊은 물 위에 떠 있는 것보다 상황이 훨씬 안 좋아. 우린 바닥이 없는 구멍에 매달려 있어. 물이 아니라 언어만이 우리를 떠받들 수 있지.

52) 『Stadier paa Livets Vei』

(그리고 어쨌든 보어의 철학에는 키르케고르의 '객관적 불확정성'도 들어갈 여지가 없었다. 두 언어 모두 골칫거리라는 걸 알았기 때문이다.)

언어 문제가 쓰고자 하는 보어의 의지를 꺾지는 못했다. 제2차 세계대전이 끝난 뒤에도 보어는 쓰고 또 썼다. 1946년부터 1962년에 세상을 떠날 때까지 철학을 주제로 쓴 논문을 1년에 한 편 이상 꾸준히 발표했다.

「인과 관계와 상보성에 관한 개념에 관하여」(1948년)

「물리 과학과 삶의 문제」(1949년)

「물리 과학과 종교 연구」(1953년)

「원자와 인간 지식」(1955년)

「물리 과학과 사람의 위치」(1956년)

「양자물리학과 철학 – 인과관계와 상보성」(1958년)

「양자물리학과 생물학」(1960년)

「물리 모형과 유기체」(1961년)

「빛과 삶 재고」(미완성 유작, 1962년. 1932년 동명 강의를 바탕으로 쓴 논문)

그러면서도 보어는 계속 상보성 개념을 수정했다. 그저 정교하게 다듬은 것이 아니다. 아인슈타인과 EPR 논쟁을 벌이는 동안 생각이 바뀐 부분이 많아, 자신의 철학 저작을 직접 편집할 때는 1930년대와 1940년대에 발표한 것 중에 많은 논문을 뺐다.

251

언어를 사용할 때 우리가 반드시 알아야 하는 건 한 단어를 실용적으로 적용하는 것과 단어를 엄격하게 정의하는 것은 상보적이라는 거야.

따라서 나는 이곳을 이렇게 부를 생각이다.

공간이라고······

여러분도 여기가 공간이라는 데는 이의가 없을 것이다. 이제 나는 '시간'이라는 단어를 같은 물리현상에 적용할 수 있다.

이제 여러분도 시간이 흘러왔다는 사실을 인정할 것이다.

그렇지 않다면 내가 어떻게 내 연구로 돌아올 수 있었겠나?

공간과 시간. 상보성. 그리고 이거.

이건 우리가 반드시 바르게 활용하는 법을
배워야 하는 단어다.

수학기호로 표현하는 건
꿈도 꾸지 말아야 할 복잡한 단어지.

수학기호는 우리 생각의 중심에 있는
언어의 개별 측면만을 표현할 수 있다.

그러나 내가 분명히 말할 수 있는 것은 그 단어가 인식이라는 완벽한 빛 속으로 무언가를 상승하게 한다는 것이다.

그리고 동시에 그 단어는 그늘진 빛 속에만 있던 다른 것들도 상승하게 한다.

255

무대를 떠나며

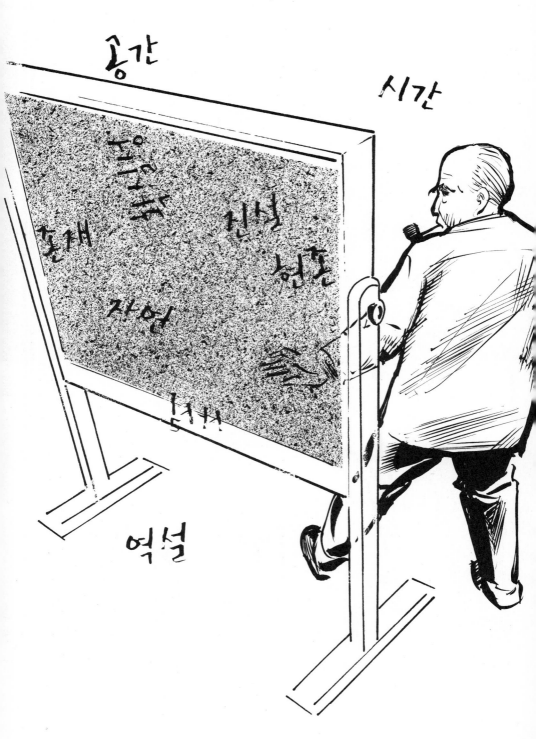

261

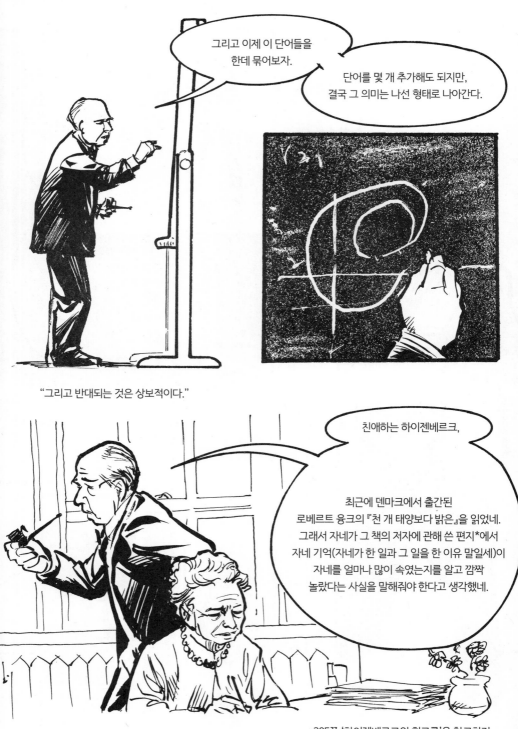

"그리고 반대되는 것은 상보적이다."

*305쪽 '하이젠베르크의 회고록'을 참고하자.

그렇게 해서 보어는 1941년에 있었던 두 사람의 만남에 관해 이야기하고자 1957년부터 세상을 떠난 1962년까지
하이젠베르크에게 보내려고 작성한 편지 수십 통의 첫 번째 초안을 쓰기 시작했다.

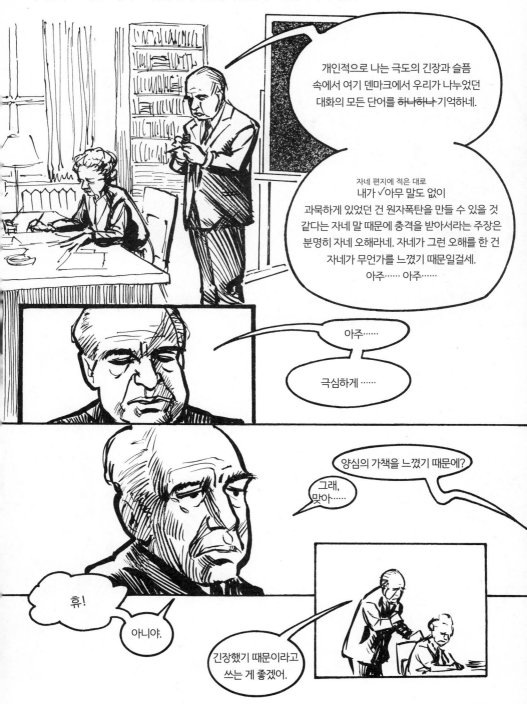

물론 자네가 나를 방문한 건 독일에 점령당해 위험한 상황에 처한 √코펜하겐에 있는 우리가 잘 있는지 확인하고 우리에게 적절한 조언을 하기 위해서라는 건 알지만, 독일 나치주의가 사라지기만을 바라며 살던 우리가 독일의 승리와 그 승리가 가져올 미래를 강하게 확신하는 사람을 만나 이야기를 나누는 것이 얼마나 어려운 일이었는지는 분명히 이해해야 하네.

따라서 자네가 독일 물리학자들이 원자 과학을 그런 식으로 적용하는 것을 막고자 최선을 다하고 있다는 사실을 나에게 알렸다고 믿는 건, 나로서는 정말 이해할 수 없네.

1943년 가을에 체포되지 않으려고 나는 √스웨덴을 거쳐 영국으로 건너간 다음에야 비로소 원자 프로젝트에 관한 미국과 영국 √사정을 처음 알았네.

이 사실을 자네에게 될 수 있으면 분명하게 알리려고 이렇게 긴 편지를 쓰네. 기회가 된다면 그 만남에 대해 함께 자세하게 이야기해보고 싶네.

이제 잠시 내버려두고 나중에 다시 살펴보자고.

하지만 두 사람이 이야기할 기회는 없었다. 보어는 계속 편지를 고쳤지만, 결국 완성하지 못했고, 하이젠베르크에게 보내지도 못했다.

보어와 하이젠베르크는 끝까지 서로를 아끼며 생일이나 특별한 날이면 편지를 보내고 가끔 만나기도 했지만, 상보성과 불확정성 원리를 이용해 수학적 확실성을 갖는 물리학을 인류와 연결했던 두 친구의 특별한 관계는 영원히 끊어지고 말았다.

보어가 편지를 보내지 못했을 뿐 아니라 마무리도 하지 못했고, 결국 하이젠베르크를 설득하지도 못했다는
사실은 놀랍다.

사실 지금쯤이면 관중이 많을수록 보어의 설득력이 떨어진다는 것쯤은 모두 알 것이다. (출판물도 마찬가지여서
독자가 많을 가능성이 있는 글일수록 이해하기 힘들 때가 많았다.) 하지만 보어는 그것을 전혀 깨닫지 못했다.
세상을 떠나기 전까지 보어는 연설이나 출판 의뢰를 모두 기꺼이 받아들였다.

그러나 일대일로 대면하면 보어는 그 상대가 대통령이건 자선가건 과학자건 왕이건 간에, 정치, 사회, 철학,
물리 등 그 주제가 무엇이든지 간에 상대를 설득해 결국 제 뜻을 관철했다.

딱 한 과학자만 빼고……

*아인슈타인은 자기 연구실을 싫어해서 연구실 옆에 있는 조교 방을 썼다. 보어가 미국에 올 때마다 아인슈타인은 자기 연구실을 빌려주었다.

자, 앉게.

내 좌표계에는 기원이 있어야 해.

지금 아인슈타인의 사고실험을 풀려고 고민하고 있네.

여기에 몇 가지 생각을 더해봤지. 몇몇 부분을 좀 더 정교하게 다듬으면 분명히 그를 설득할 수 있을 거야.

그래서 말인데, 자네가 몇 문장을 더 받아 적어 주면 좋겠네.

근데, 자네 뭐라고
하려던 건가?

아, 이거 보세요.
박사님의 시계가 든
상자입니다.

박사님이 양자론의 함의를
받아들일 수 있게 설명할 방법이
떠올랐어요.

보어 이야기를 끝내면서 그가 실패한 일을 나열하다니, 재미있다고 생각할지도 모르겠다. 보어는 결국 하이젠베르크와 화해하지 못했고, 아인슈타인에게 양자론을 납득하게 하지도 못했다.
(보어에게 노벨상을 안겨준 보어의 원자모형 역시 마찬가지다. 모두 학교에서 배운 보어의 원자모형을 알 것이다. 그 원자모형은 틀렸다!)
(열린 세계에 관한 생각도 그랬다. 처칠은 보어가 주장한 열린 세계라는 개념을 싫어했고, 루스벨트 대통령을 설득하는 능력도 보어보다 훨씬 뛰어났다. 열린 세계는 시도조차 되지 않았다.)

(그리고 지금은 코펜하겐 정신을 따르는 물리학자도 거의 없고, 보어의 철학 논문을 읽는 사람도 거의 없다.)

닐스 보어는
거짓 길에 들어서도
진짜 길을 찾을 수 있네!*

*"Nobelmanden Niels Bohr ved vej
blandt alle vildspor!"

하지만 지금도 과학자들은 보어를 존경한다.

역설을 만난다는 건
정말 근사한 일이야.

지금······

그리고……

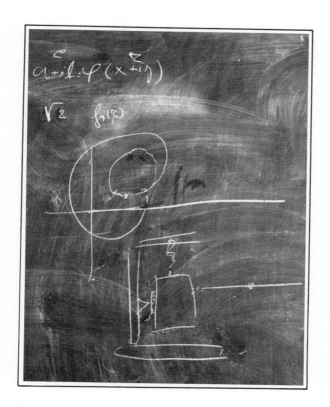

외전: 젊은 닐스에 관한 유명한 이야기("알고 있는 거냐?", "잘 알고말고요!")

"기압계를 짧은 줄(길이=l)에 매달고 지면과 옥상에서 진자처럼 흔들어보면 고층 건물의 높이를 구할 수 있어요."

"일단 주기를 알면 $t = 2\pi\sqrt{l/g}$ 를 이용해 중력의 차이를 알 수 있으니, 고층 건물의 높이를 구할 수 있어요."

물론 아주 따분한 정통 답변을 원하신다면 옥상과 지면에서 기압을 재고, 수은 기둥의 차이를 이용해 건물의 높이를 잴 수도 있다고 말씀드릴게요.

하지만

항상 독자적으로 생각하고 과학적으로 적용하라고 말씀하셨잖아요. 그래서 제가 생각해낸 가장 좋은 방법은…

시계 장치 우주

피에르 시몽 라플라스 후작(1749~1827년)은 프랑스의 아이작 뉴턴이라고 알려진 사람이다. 영리한 수학자이자 교활한 정치인인 라플라스는 계몽 시대의 오만함을 거의 완벽하게 구현한 사람이었다.

자연에 생기를 불어넣고, 자연을 구성하는 존재들에 개별적인 위치를 부여하는 모든 힘을 이해하는 지능이 있다고 생각해보자. 게다가 만일 이 지능이 이런 데이터를 분석할 수 있을 만큼 충분히 광대하다면…… 불확실한 것은 아무것도 없을 것이며, 미래는 과거처럼 현재의 눈으로 알 수 있게 될 것이다.

이런 기계론적 관점은 고대부터 많은 사람이 꿈꾸었다. 고대인은 우주를 서로 맞물려 돌아가는 여러 수정구라고 생각했고, 그래서 '천체의 음악'[53]이라는 개념을 제시했다.

당신이 『천체 역학』[54]에서 말한 '지성'[55]이 우주를 만든 조물주요?

음,

무슨 말씀을 하고 싶은지는 잘 알겠습니다만, 전하, 제 가설에… 신은 필요 없습니다.

이런!

53) the music of the spheres   54) 『Méchanique Céleste』   55) intelligence

원자와 진공, 시와 광기

데모크리토스에게 있어서 보이지 않는 원자와 영속성이라는 철학 개념은 진공이라는 개념과 나란히 있었다.

그는 무(無)는 유(有)만큼이나 실재적이라고 했다.

시인 루크레티우스(서기전 98~55년)는 완성하진 못했지만 『사물의 본성에 관하여』[56]에서 에피쿠로스가 더욱 발전시킨 데모크리토스의 개념을 다루었다.

루크레티우스는 시를 다 쓰지 못했는데, 그 이유는…

(적어도 한 가지 설명에 따르면) 미쳤기 때문이다.

최음제*를 마셔서 그렇다는데.

그럼 치명적인 묘약을 마시기 전에는 얼마나 미쳤다는 거지?

*사랑의 묘약

아무튼, 그의 시는…

56) 『De Rerum Natura』

원자와 엔트로피와……

또다시, 물질은 부분적으로는 사물의 씨앗이고,
부분적으로는 사물의 씨앗에서 유래한 조합이다.

다시 말해서 자연이 사물에게 영원히 쪼개지고 쪼개지는 능력을 주었다면
물질은 예전에 있었던 쪼개짐 때문에 계속 줄어들어
지금은 태어나는 것도 없어야 하고 생명의 정수와 최상의 상태를 경험할 수도 없을 것이다.
하, 왜냐하면 생성되는 속도보다 사라지는 속도가 빠르고
지금까지 무한히 긴 날들과 시간이 지나갔으므로
그동안 쪼개지고 무너지고 사라진 것들은
결코 남은 시간을 다 쓴다고 해도 세상을 다시 채울 수 없기 때문이다.

뉴턴의 운동 법칙을 말하고……

따라서 나는 말한다.
원자는 가끔은 방향을 바꾸어야 한다.
그러나 우리가 속은 것처럼 보이지 않으려면 아주 조금만 바꾸어야 한다.
운동은 기울어지고 거기서 사실은 우리에게 반박한다.
이 때문에 우리가 보는 것은 즉시 나타난다.
무게에 상관없이, 이것은 비슷하게 갈 수 없으며
적어도 흔적을 남길 수 있는 곳까지 위에서 밑으로 곧바로 여행한다.
그러나 누가 무가 직선으로 뻗은 길에서 벗어나
기울어지는 것을 느낄 수 있겠는가?

질량이 다른 물체의 낙하 속도에 관해 아리스토텔레스와는 다른 주장을 했다.

그러나 만약 누군가가 더 무거운 물체가 진공 속에서 더 빨리 떨어지므로, 위로부터 내려와 가벼운 물체를 타격해 생산적인 운동이 발생할 수 있다고 믿는다면, 그것은 진실의 길에서 크게 벗어난 생각이다.

...... 따라서 모든 물체는 무게가 다르더라도 고요한 공간 속에서 똑같은 속도로 떨어져야 한다.

이런 주장이 입증되려면 갈릴레오 갈릴레이가 태어날 때까지 수백 년을 기다려야 했다.

아리스토텔레스 (서기전 384~322년)

같은 높이

물리학의 혁명을 불러온 신혼여행

1963년

부군을 만난 이야기를 해주십시오.*

1909년에 내 동생 소개로 만났어요.

*토머스 쿤은 1962년에 유명한 『과학혁명의 구조』[58]를 썼다.

곧 닐스가 쓴 논문을 번역했어요. 손으로 쓴 원고는 거의 모두 내가 쓴 거지요.

나중엔 저도 썼어요.*

그다음 해 여름에 약혼했고, 1912년 8월 1일에 결혼했어요.

*오게 보어는 1975년에 노벨물리학상을 받았다.

"당시 우린 둘 다 종교엔 크게 관심이 없었어요. 그래서 슬라겔세 시청에서 결혼했어요."

시장님이 휴가를 떠나서 경찰국장이 대신 결혼식을 거행했어요. 딱 2분 걸렸죠. 정말 닐스다운 결혼식이었다니까요.

그때 닐스는 정말 매사에 서둘렀어요.

느긋하게 파이프 담배를 즐기게 된 건 훨씬 뒤예요.

58) 『과학혁명의 구조』(토머스 쿤, 까치글방, 2013년)

"우리 엄마는 만찬을 열기를 바라셨지만,
우린 한시라도 빨리 떠나고 싶었어요."

"닐스는 '도대체 저녁밥을 세 시간이나 먹다니,
말이 돼? 빨리 떠날 방법을 찾아야 해'라고 했어요."

그날 밤 우린 연락선을 타고
첫 번째 신혼여행지인 영국으로 떠났어요.

"제일 먼저 간 곳은 닐스가 알파입자에 관한 논문을
쓴 케임브리지였어요. 그다음엔 맨체스터로 가서
어니스트와 앞으로 쓸 다른 논문을 상의했죠.

그 뒤에 스코틀랜드로 갔고,
마지막으로 수소 원소를 연구하려고
노르웨이로 갔어요.

정말 낭만적인
젊은 날이었죠.

모방예술

대단해.
아주 멋지구나.

그래,
아이들은
어떤가요?

모두 아주
잘하네요.

에리크는 피카소의 유명한 그림이
자기와는 맞지 않는다는 걸
알았죠.
오게의 그림은
고차원적인 예술 단계로
넘어갔어요. 하지만……

하지만?

로테 때문에 화가
난 거 같아요.

오게, 왜 그러니?
로테가 귀찮게 해서
그래?

간단한 수학

슬레이터: 법칙의 예외

그게 원래 내 생각이었지. 보어는 나에게 글을 쓰라고 했고, 크라메르스에게는 내가 다 쓸 때까지 나에게 말을 붙이지 말라고 했어.

"그래놓고는 자기는 나한테 계속 말을 걸었어."

나는 광양자라는 개념이 좋았어. 하지만 보어는 아니었지.

나는 에너지가 정확히 보존되는 걸 선호했지만, 보어는……

"크라메르스 박사는 보어 말이라면 무조건 믿었어. 물론 보어와 토론하다가 심한 우울증에 시달리고 기진맥진해져서 병원에 가야 했지만 말이야."

광양자는 옳다고.

정말이야.

마음대로 내 논문에 손을 대다니, 기분 나빠 죽겠어. 하지만 하지 말라고 할 방법도 없었다고.

그 뒤로 보어라면 전혀 존경할 마음이 들지 않아.

코펜하겐은 정말 끔찍했어.

"아, 그 디랙!"

랜들 스콧(미시간 주립대학교 '러셀 B. 나이' 전시관 큐레이터)과 케이티 헤이스(미국물리학연구소 닐스 보어도서관 기록 보관 담당자)의 예기치 않은 색다른 만남은 지금까지 잊혔던 만화를 발굴하는 결과로 이어졌다. 과학 연감에 실린 만화로는 독특하게도 전통 만화 방식이 아니라 매 화마다 다른 주제를 가지고 빅풋스타일[59]로 그린 「아, 그 디랙!」은 1920년대부터 1930년대까지 도서관 소식지에 실렸다. 전체 작품 가운데 일주일 분량만 찾았는데, 만화에서 폴 에이드리언 모리스 디랙은 과장된 행동과 독특한 생각을 하는 인물로 그려져 있다.* 디랙은 1933년에 슈뢰딩거와 함께 노벨상을 받았으며, 반물질을 처음으로 예측했고, 말을 거의 하지 않았다.** 실제로 몇 개 되지 않지만 "과학에서 이전까지 아무도 몰랐던 내용을 말할 때는 누구나 이해하는 방식으로 말하려고 노력한다. 하지만 시에서는 정반대로 한다." 같은 그의 유명한 명언은 과학자들이 충분히 공감할 수 있었을 뿐 아니라 완벽한 두 문장의 범상치 않은 길이 때문에 유명해졌다.

고양이는 여러 색으로 이루어져 있다!

맥스웰과 어윈[60](1928년 작 만화 일부)

공감이라는 말이 나와서 하는 말인데, 헤이스와 스콧은 이 만화가 현대의 평범한 사람들에게는 그다지 큰 재미를 주지 않겠지만, 당시 이론물리학계는 크게 공감했고, 보어의 연구소에서 1935년부터 발간한 《익살맞은 물리학지》에는 호의적인 논평이 여러 편 실렸다고 한다.

이런 사실과 '모든 과학자 가운데 가장 순수한 영혼을 가진 사람은 디랙이다', '디랙의 몸속에는 하찮은 뼈가 한 개도 없다'라고 한 보어의 말을 생각하면서, 우리가 어렵게 찾아낸 만화를 감상해보자.

(이곳에는 우리가 입수한 연감 중에서 상태가 가장 좋은 자료를 실었다. 원판은 개인이 소장하고 있다는 소문을 들었지만, 정확히 확인할 방법이 없었다. 제작사와 학회 도서관에는 교정지도, 실버프린트(질산은 사진)도, 조판도 남아 있지 않았다.)

---

*만화에는 악마 맥스웰, 고양이 어윈, 주사위 놀이를 좋아하는 이름 모를 신이 조연으로 등장한다.
**디랙이 '네', '아니요', '몰라요'라고 한 말을 재치 있게 표현한 것이다.

59) bigfoot style, 세부 묘사는 생략하고 선을 강조하거나 코나 발 같은 부분을 과장되고 크게 그리는 만화 스타일.
60) Maxwell and Erwin.

끼사 고타미

"한 부자가 있었는데, 어느 날 자기가 가지고 있던 황금이 갑자기 재로 바뀐 걸 알았지.

그 부자는 그 길로 침대에 드러눕더니, 음식을 전혀 먹지 않았어.

"한 친구가 부자가 아프다는 소식을 듣고 찾아와 이유를 물었지. 부자가 슬퍼하는 이유를 들은 친구가 말했어. '재산은 그저 쌓아두면 재와 다를 게 없네. 여보게, 내 충고대로 해보게. 이 길로 시장에 가서 돗자리를 깔고 재를 팔아보게.'"

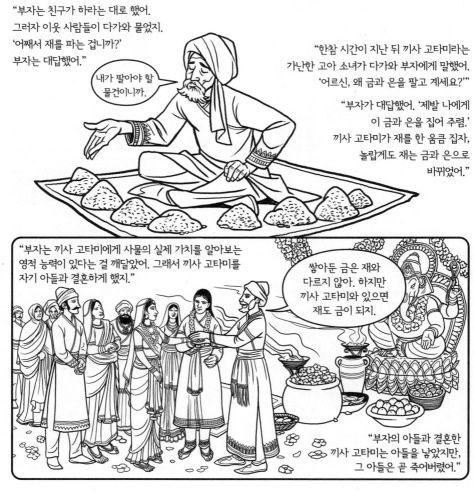

"부자는 친구가 하라는 대로 했어. 그러자 이웃 사람들이 다가와 물었지. '어째서 재를 파는 겁니까?' 부자는 대답했어."

내가 팔아야 할 물건이니까.

"한참 시간이 지난 뒤 끼사 고타미라는 가난한 고아 소녀가 다가와 부자에게 말했어. '어르신, 왜 금과 은을 팔고 계세요?'"

"부자가 대답했어. '제발 나에게 이 금과 은을 집어 주렴.' 끼사 고타미가 재를 한 움큼 집자, 놀랍게도 재는 금과 은으로 바뀌었어."

"부자는 끼사 고타미에게 사물의 실제 가치를 알아보는 영적 능력이 있다는 걸 깨달았어. 그래서 끼사 고타미를 자기 아들과 결혼하게 했지."

쌓아둔 금은 재와 다르지 않아. 하지만 끼사 고타미와 있으면 재도 금이 되지.

"부자의 아들과 결혼한 끼사 고타미는 아들을 낳았지만, 그 아들은 곧 죽어버렸어."

"너무 슬퍼 정신이 나간 끼사 고타미는 죽은 아들을 데리고 온 이웃을
찾아다니며 약을 달라고 했어."

완전히 정신이 나갔어.
저 애는 벌써 죽었는데.

"마침내 한 남자가 끼사 고타미에게 말했어. '나는 아들을 살리는 약을 줄 수 없소.
하지만 그럴 수 있는 분을 알고 있소.'"

"끼사 고타미는 제발 그 사람이 누군지 알려달라고 애원했어."

"'석가모니 부처라는 분이오.' 그 말을 듣고
끼사 고타미는 부처를 찾아가
울면서 사정했어."

주인님, 아들을
살릴 수 있는 약을
주세요.

"부처가 대답했지. '난 네 아들을 살릴 수 있다.
하지만 겨자씨를 한 움큼 가져와야만 살릴 수 있다.'"
"끼사 고타미는 크게 기뻐하며 그렇게 하겠다고 했어.
하지만 부처가 조건을 달았지."

반드시 슬픈 일을
한 번도 겪지 않은 집에서
가져와야 한다.

"끼사 고타미는 집집이 찾아다녔어. 사람들은 끼사 고타미를 불쌍하게 생각했어. 더구나 겨자씨는 하찮은 물건이어서 모두 원하는 만큼 가져가라고 했어."

"하지만 끼사 고타미가 '혹시 가족 중에 돌아가신 분이 있나요?' 하고 물으면 모두 슬퍼하며 말했어."

아, 산 사람이 별로 없어요. 거의 죽었어요.

슬퍼지니 그런 말은 하지 마세요.

"수년 동안 온 세상을 돌면서 슬픔이 없는 집을 찾았지만, 사랑하는 가족이 죽지 않은 집은 한 곳도 없었어."

"결국, 지친 몸을 이끌고 집으로 돌아오던 끼사 고타미는 마을 어귀에 있는 언덕에 앉아 집마다 깜빡거리거나 꺼져가는 불빛을 내려다보았어. 그 불빛을 보면서 자신의 운명과 모든 부모와 자식의 운명을 생각했어."

난 내 슬픔만 생각한 이기적인 사람이구나.

누구나 죽는 거야. 하지만 이 슬픔 속에도 길이 있어.

이기적인 모성애를 버린 끼사 고타미는 죽은 아들을 숲에 묻었어.

그리고 부처를 찾아가 진심으로 고마워했지.

완장

출처가 의심스러운 이 이야기는 이렇다.
나치가 마침내 덴마크에 사는 유대인을 모두 체포하려는 의도를
드러냈을 때, 덴마크 왕을 비롯한 모든 덴마크 시민이 독일
비밀경찰을 속이려고 스스로 유대인임을 알리는 노란 완장을 찼다.

하지만 베티 슐트가 나중에 말한 것처럼 이 이야기는 사실이 아니다. "창문 밖으로 빛이 새어나오지 않았다. 모든 창문,
모든 사람, 모든 시내 전차가 마찬가지였다. 작은 푸른 등이 있었지만 밤에 밖에 나가는 것은 현명한 생각이 아니었다."

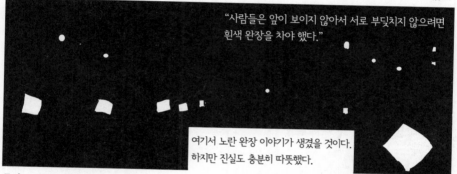

"사람들은 앞이 보이지 않아서 서로 부딪치지 않으려면
흰색 완장을 차야 했다."

여기서 노란 완장 이야기가 생겼을 것이다.
하지만 진실도 충분히 따뜻했다.

독일 고위 공무원인 게오르그 페르디난트 두크비츠는 두 덴마크 경찰관에게 10월 1일 아홉 시부터 유대인을
체포한다는 정보를 제공했다.

낯선 사람에게서 피난처를 제공해주겠다는 제안을 듣고 깜짝 놀랐지만, 많은 유대인이 그 제안을 받아들였다.
하지만 모두 피난처를 구한 것은 아니었다. 거의 500명에 달하는 사람이 테레지엔슈타트에 있는 수용소로
끌려갔고, 43명이 그곳에서 죽었다. 코펜하겐에 있던 독일 해군지휘관은 유대인이 탈출하는 동안 자신이
지휘하는 순시선을 작전에 투입하지 않았다. (상부에는 순시선을 수리해야 한다고 보고했다.) 그 며칠 동안
덴마크 유대인 8000여 명 가운데 7220명이 무사히 스웨덴에 도착했다.

편자

티스빌데

닐스, 저걸 왜 붙인 거예요?

아, 행운을 불러온다더군.

하지만 그런 미신은 터무니없다는 걸 잘 아시잖아요.

아, 그렇지. 하지만……

믿지 않아도 효과가 있다더군.

꽈당!

하이젠베르크의 회고록

독재 치하에서 적극적으로 저항할 수 있는 것은 오직 정권에 협력하는 척하는 사람뿐이다. 소리 내어 저항하는 사람은 적극적으로 저항할 기회를 얻지 못한다. 아무 의미 없이 때때로 정치를 비판하는 사람은 정치에 참여할 기회를 놓칠 뿐이다.

실제로 정치 활동에 참여한 사람은, 가령 그 사람이 학자라면 결국 며칠 뒤에는 강제수용소에 잡혀갈 것이다. 그 뒤로는 그의 이름을 거론하는 것도 금지될 테니, 수용소에서 죽더라도 그의 순교 사실은 잊히고 말 것이다.

나는 7월 20일[61]에 자기 목숨을 내놓은 사람들, 그중에는 내 친구도 많은데, 그 정권에 진정으로 저항했던 그들을 생각하면 언제나…… 부끄럽다. 하지만 그런 희생이 말해주는 것은 정말로 효과적인 저항은 그 정권에 협력하는 척하는 사람만이 할 수 있다는 것이다.

61) 히틀러 암살 기도일.

주석

1962년 11월 17일, 보어는 마지막으로 음성 기록을 남겼는데, 친구이자 그에게 철학을 가르쳐준 하랄 회프딩에 관한 내용이었다. 마지막에 보어는 피곤한 음성으로 토머스 쿤에게 말했다.

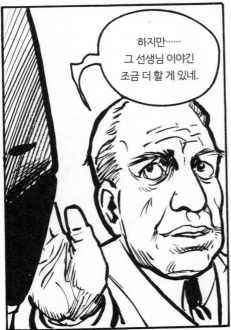

다음 날 아침,
보어는 여느 아침처럼 일하러 갔다.

또다시 모호한 언어를 풀고자 매달리면서,
리만기하학의 교차하는 두 면을 그려가면서
아인슈타인의 상자 문제를 풀려고 노력했다.
아인슈타인은 이미 몇 년 전에 세상을 떠났지만,
아인슈타인을 설득한다는 과제는 언제나
보어의 도전 의식을 자극했다.

그러나 그날 오후 점심을 먹은 뒤에는
여느 오후와 달리 다시는 아인슈타인의 상자로,
칠판으로, 연구로 돌아가지 못했다.

참고 자료

Ceci n'est pas Niels Bohr. [62]

이 책에 등장하는 과학자들

막스 플랑크
Max Karl Ernst Ludwig Planck, 1858~1947년

독일의 이론물리학자로 킬에서 태어나 뮌헨대학교, 베를린대학교에서 수학과 물리학을 공부했다. 1900년에 새로운 기본 상수인 플랑크 상수를 발견하고, 그 후 플랑크의 복사 법칙이라 불리는 열복사 법칙을 발표한다. 이 법칙을 설명하면서 그는 최초로 '양자'라는 개념을 언급했고, 이는 양자역학의 단초가 된다. 이 공로로 1918년에 노벨물리학상을 받는다.

알베르트 아인슈타인
Albert Einstein, 1879~1955년

독일 태생의 이론 물리학자로 상대성이론과 광양자론을 남긴 20세기 가장 위대한 과학자 중 한 사람이다. 그의 상대성이론은 고전역학의 종식을 알리는 혁명적인 이론이며, 그는 1921년에 노벨물리학상을 수상한다. 보어와 하이젠베르크가 주장한 불확정성의 원리를 받아들이지 못하여 만날 때마다 치열한 논쟁을 벌였으나, 보어와 아인슈타인은 평생 서로를 인정했던 학문적 동지였다.

조지프 존 톰슨
Joseph John Thomson, 1856~1940년

영국의 실험물리학자로 케임브리지대학교에서 공부하고 왕립연구소 교수를 거쳐 케임브리지 트리니티 칼리지의 학장을 역임하였다. 그는 전자의 존재를 증명하였으며 이는 원자구조의 연구에 중요한 한걸음이었다. 1906년에 노벨물리학상을 받았다. 평생 학계와 과학정책면에 공헌하였으며 그의 문하에서 많은 원자물리학자가 배출되었다. 이에 대한 공로로 기사작위와 메리트 훈장을 받았다.

폴 에이드리언 모리스 디랙
Paul Adrien Maurice Dirac, 1902~1982년

영국의 이론 물리학자. 브리스틀대학교에서 공학을 공부하였으나, 이후 물리학을 공부하여 케임브리지대학교에서 박사학위를 취득하였다. 1932년에 교수가 되었으며, 왕립학회 메달을 받기도 하였다. 1968년 미국으로 이주하여 플로리다주립대학교 명예교수가 되었다. 양자역학에 파동방정식을 도입하여 1933년에 슈뢰딩거와 함께 노벨물리학상을 받았다.

어니스트 러더퍼드
Ernest Rutherford, 1871~1937년

영국의 물리학자. 처음에는 J.J. 톰슨의 지도하에 기체의 이온화 현상을 연구하다
가 우라늄방사선 연구를 하였다. 1902년에 방사능이 물질의 원자 내부 현상이며
원소가 자연붕괴하고 있음을 지적하여 종래의 물질관에 커다란 변혁을 가져왔고, 1908년에 노벨화학
상을 받았다. 이후 알파입자 산란실험으로 원자핵을 발견하기도 했다. 1925~1930년까지 왕립학회 회
장을 맡았으며, 과학기술청 자문위원회에도 참여하는 한편, 나치로부터 망명해온 과학자에 대한 구제
위원회 회장도 역임했다.

헨드릭 크라메르스
Hendrik Antony Kramers, 1894~1952년

로테르담 출생으로 네덜란드의 이론물리학자. 레이덴대학에서 에렌페스트의 지
도를 받고, 코펜하겐대학 강사가 되었다. 보어의 원자구조론의 전개에 도움을 주
었으며 위트레히트대학 교수, 레이덴대학 교수를 역임하였다. 하이젠베르크와 함께 빛의 분산이론을
발전시켜 양자역학에 공헌하였는데, 이것은 오늘날의 분산공식이론의 선구가 된다.

구스타프 헤르츠
Gustav Ludwig Hertz, 1887~1975년

독일의 물리학자. 괴팅겐대학교를 거쳐 뮌헨대학교, 베를린대학교에서 공부했다.
베를린대학 연구조수가 되어 제임스 프랑크와 함께 충돌실험을 수행하여 보어의
원자모형의 기초 가정인 정상상태의 존재를 보여주었다. 이 업적으로 프랑크와 함께 1925년에 노벨물
리학상을 수상하였다. 제2차 세계대전이 끝난 뒤 소련군에 연행되어 1945년부터 1954년까지 소련에
서 연구하였으며, 이후 독일로 돌아와 라이프치히에 있는 카를마르크스대학교 교수로 재직하였다.

제임스 프랑크
James Franck, 1882~1964년

독일의 물리학자. 베를린대학교에서 바르부르크의 지도 아래 박사학위를 받았으
며, 교수가 되어 강의하였다. 제1차 세계대전 이후 베를린의 카이저 빌헬름 연구
소와 괴팅겐대학교에서 재직하다가, 1933년에 나치에 대한 항의로 괴팅겐대학교 교수직을 사임하고
미국으로 이주하였다. 존스홉킨스대학교 등을 거쳐서, 1938년에 시카고대학교 교수가 되었다. 구스타
프 헤르츠와 함께한 연구로 양자조건이 성립한다는 것을 확인한 공로로 노벨물리학상을 받았다.

리제 마이트너
Lise Meitner, 1878~1968년

오스트리아 빈 출생의 유대인. 베를린대학에서 화학자 오토 한과 공동 연구를 시작하여 이후 30년 동안 방사능 연구에 매진했다. 교수로 초빙되었으나 이내 유대인이라는 이유로 박탈당한다. 나치의 압박을 받고 스웨덴에 망명하여 후에 귀화하는데 이후에도 오토 한과 서신을 주고받으며 연구하여 연구성과를 낸 핵분열 연구의 창시자 중 한 사람이다. 핵분열을 발견하는 데 결정적인 역할을 했음에도 불구하고 오토 한이 이 공로로 노벨화학상을 받을 때 노벨상 수상자에서 제외되었다. 스톡홀름공업대학 교수, 마이트너연구소장을 역임했다.

엔리코 페르미
Enrico Fermi, 1901~1954년

로마 출생의 이탈리아 물리학자. 피렌체대학교 역학·수학 강사를 거쳐 로마대학교 이론물리학 교수가 되었다. 처음에는 상대성이론을 연구하였으나 로마대학교로 옮길 무렵부터 원자의 양자론을 연구하여 디랙과는 별도로 '페르미통계(페르미-디랙통계)'를 제안했다. 1938년에 중성자에 의한 인공방사능 연구의 업적으로 노벨물리학상을 수상했다. 파시즘의 압박을 받자 미국에 망명해서 맨해튼 프로젝트에 참가하였으며, 제2차 세계대전 후 시카고대학 교수가 되어 연구에 매진했다.

볼프강 파울리
Wolfgang Pauli, 1900~1958년

오스트리아에서 태어나. 뮌헨대학교에서 박사학위를 취득한 후, 코펜하겐대학교에서 닐스 보어의 지도 아래 연구하였다. 취리히 공과대학 이론물리학 교수로 임용되었다가 1946년에 미국에 귀화했다. 제2차 세계대전 후에 취리히 공과대학으로 돌아갔다. 한 원자 내에서 두 개의 전자가 같은 에너지를 가질 수 없다고 하는 파울리의 배타원리를 발견하여 양자이론의 체계화시키는 것에 기여하였다. 1945년 노벨물리학상을 받았다.

드 브로이
Louis Victor de Broglie, 1892~1987년

프랑스의 이론 물리학자. 파리대학 교수와 푸엥카레연구소의 연구원을 역임했다. 재학하고 있던 파리대학의 박사 학위 논문으로 아인슈타인의 광양자설의 기초를 밑받침하는 이론을 제시했으며 아인슈타인 역시 이 논문을 보고 그의 이론을 인정하고 지지한다. 전자

의 파동성을 발견하였고 이 공로로 노벨물리학상을 받는다.

조지 톰슨
George Paget Thomson, 1892~1975년

물리학자 J.J.톰슨의 아들이다. 애버딘대학 교수가 되어 8년간 재직하는 동안 '전자의 파동성'을 발견했다. 이 업적으로 1937년에 데이비슨과 공동으로 노벨물리학상을 수상했다. 제2차 세계대전 때는 오타와에 있으면서 미국의 맨해튼 프로젝트에 협력하였다. 전후 귀국하여 임피리얼 칼리지로 복귀한 후에도 중수소의 핵반응 연구를 추진하는 등 수소폭탄 개발에 공헌했다.

클린턴 데이비슨
Clinton Joseph Davisson, 1881~1958년

레스터 거머
Lester Germer, 1896~1971년

1927년에 데이비슨과 거머는 전자같은 입자들이 파동의 성질을 가지고 있다는 드 브로이 가설을 검증하는 실험을 했다. 유명한 데이비슨-거머 실험이다. 이 파동-입자 이중성의 증거는 역사적으로 양자역학과 슈뢰딩거 방정식의 발달에 중요한 역할을 한다.

보리스 포돌스키
Boris Podolsky, 1896~1966년

네이선 로젠
Nathan Rosen, 1909~1995년

포돌스키, 로젠은 아인슈타인과 함께 양자역학에 대한 코펜하겐 해석이 완전하지 않다는 반론을 제안했다. 그들의 이름을 따서 'EPR 역설'이라고 부른다.

존 휠러
John Archibald Wheeler, 1911~2008년

미국 플로리다주에서 태어나 존스홉킨스대학교에서 박사학위를 받았다. 프린스턴대학교와 텍사스대학교에서 교수직을 맡아 노벨물리학상을 받은 리처드 파인만을 비롯한 저명한 학자들을 길러냈다. 젊은 시절 현대 물리학의 두 거목 아인슈타인, 닐스 보어와 함께

연구하여 그들이 개척한 상대성이론과 양자역학에 크게 기여했다. 닐스 보어와 함께 핵분열이론을 만들었고, 제2차 세계대전 중에는 미국의 원자폭탄 개발에 참여하기도 하였다.

제임스 채드윅
James Chadwick, 1891~1974년

영국의 물리학자. 맨체스터대학교에서 석사학위를 받고 케임브리지대학교 캐번디시 연구소에서 러더퍼드와 함께 연구했다. 1931년에 중성자를 발견하여 1935년에 노벨물리학상을 받았다. 미국 정부의 지원을 받아 핵무기 개발의 핵심 인물로서 활동하였으며 제2차 세계대전 동안 맨해튼 프로젝트의 영국팀 수장이었다. 1945년에 물리학 전반에 대한 공로를 인정받아 기사 작위를 받았다.

조지 가모
George Gamow, 1904~1968년

러시아 태생의 미국 이론물리학자. 레닌그라드대학을 졸업하고 코펜하겐대학교, 케임브리지대학교 등의 연구원과 강사를 맡으며 유럽 각지를 돌아다니다가 1940년 미국에 귀화했다. 물리·우주·생물과 같은 다양한 분야를 걸친 연구를 하여 원자 및 핵물리학에 지대한 공헌을 했으며 이후에는 천문학에 전념하여 빅뱅이론을 처음으로 제안했다. 여러 분야에 대한 깊은 조예를 바탕으로 하여 활발한 저술활동을 했으며 작가로도 큰 인기를 얻었다.

주요 출처

지금까지 독자들이 읽은 내용은 거의 대부분 진실이다. 하지만 100퍼센트 정확해도 그림으로 표현할 수 없거나 이야기 전개에 그다지 필요 없는 내용과, 사실이나 연대가 완벽하게 정확하지는 않아도 그림이나 이야기에 활력을 주는 내용 가운데 선택해야 할 때는, 음…… 가끔은 활력을 주는 내용을 택하지 않았다면, 이런 글은 쓰지 못했을 거다.

닐스보어연구소의 펠리시티 포르스(Felicity Pors)는 보어의 말투가 우아하고 질서 정연한 덴마크어로 읽으면 훨씬 이해하기 쉽지만, 어쨌거나 아주 난해하다는 사실을 확인해주었다. 따라서 독자가 보는(듣는) 보어의 말은 될 수 있으면 정확하게 옮기려고 애썼지만, 아주 긴 문장도 상당히 공들여 편집한 결과물이다.

하지만 이야기를 각색할 때 참고할 출판 자료(뒤에 쭉 소개했다)나 원전 자료는 부족하지 않았다. 원전 자료를 아무나 쉽게 열람할 수는 없는데, 미국물리학연구소(AIP)와 닐스보어연구소 덕분에 참고할 수 있었다.

미국물리학연구소 닐스보어도서관에서는,

1962년 10월 31일부터 11월 17일까지 진행한 닐스 보어의 역사 구술 인터뷰 자료,

1971년 8월 11일에 진행한 마르그레테 보어의 역사 구술 인터뷰 자료,

1962년 11월 30일부터 1963년 7월 12일, 1970년 6월 16일에 진행한 베르너 하이젠베르크의
　　　역사 구술 인터뷰 자료,

1971년 3월 25일과 3월 26일에 진행한 베티 슐트의 역사 구술 인터뷰 자료,

『익살맞은 물리학지』 1~3권(1985년 10월 7일 닐스 보어 100주년 기념으로 재인쇄한 자료)을
제공해주었다.

코펜하겐에 있는 닐스보어연구소는 보어와 하이젠베르크가 주고받은 아주 애매모호한 편지들을 계획보다 수년 앞서 열람할 수 있게 해주었고(http://www.nbi.dk/NBA/papers/introduction.htm), 닐스보어 전집도 출간했다. 지금까지 닐스 보어 전집은 이 책을 쓰는 동안 예상했던 것보다 한 권 더 많은 열 권으로 출간했으며 모두 노스 홀란드(North-Holland) 출판사에서 나왔다. 닐스 보어 전집에는 그가 발표한 모든 논문, 원본 서류 복사본, 진귀한 사진이 들어 있다. 마지막으로 출간한 『닐스보어연구소, 1965년 10월 7일(The Niels Bohr Institute: October 7, 1965)』은 닐스보어연구소라는 명칭을 공식으로 사용한 일을 기념하는 소책자이다. 이 책은 닐스보어연구소의 역사를 짧은 시간에 상세하게 알 수 있는 유용한 자료다.

뉴햄프셔대학은 베르너 하이젠베르크가 쓴 일기와 편지 발췌본, 하이젠베르크의 아들이 소장한 자료를 제공해 주었다(http://werner-heisenberg.unh.edu). 그중에서도 특히 흥미로운 자료는 1941년에 하이젠베르크가 코펜하겐에서 아내 엘리자베스에게 보낸 편지다. 이 편지에서도 역시 닐스 보어와 어떤 일이 있었는지는 명확하게 밝히지 않았다. 편지 끝에 하이젠베르크가 약속한 것("나에게 있었던 일을 모두 말해주겠소")처럼 모든 것을 말해주었다면 정말 좋았을 텐데 말이다.

참고 서적

『닐스 보어: 100주년 기념판(*Niels Bohr: A Centenary Volume*)』, A. P. 프렌치(French). P. J. 케네디(Kennedy) 편집, 케임브리지 MA 하버드 대학 출판부(Harvard University Press), 1985년 출간.

> 고백하건데, 이 책은 몇 년 전에 그림이 멋있어서 샀다. 하지만 그림 말고도 여러 일화와 해설, 과학으로 가득 찬 책이다. 보어의 삶과 업적을 이보다 더 제대로 개관한 책은 없다고 생각한다. 따라서 이 책 『닐스 보어』를 재미있게 보았다면, 이 책도 읽어보자.

『닐스 보어의 물리학, 철학, 정치의 시대(*Niels Bohr's Times in Physics, Philosophy, and Polity*)』, 아브라함 파이스, 옥스퍼드 클래런던 출판부(Clarendon Press), 1991년 출간.

> 내가 아는 한 닐스 보어를 가장 포괄적으로 다룬 책이다. 파이스는 뛰어난 물리학자이자, 아인슈타인과 보어의 막역한 친구였다. 파이스는 아인슈타인과 보어의 성격을 잘 알고, 과학에 능통하며, 이야기 서술 능력 또한 뛰어났다. 이 책과 『닐스 보어: 100주년 기념판』을 완독하면 과학자이자 한 남자로서 독특한 자취를 남긴 닐스 보어를 제대로 이해할 수 있다.

『친구와 동료들이 본 닐스 보어의 삶과 업적(*Niels Bohr: His Life and Work as Seen by His Friends and Colleagues*)』, 스테판 로젠탈(Stefan Rozental) 편집, 암스테르담 노스 홀란드 출판사(North-Holland Publishing Co.), 1967년 출간.

> 나에게 도움이 된 책을 순위 별로 매기자면 이 책은 2위 내지 3위에 근접하다고 하겠다. 이해하기 쉬운가 하는 점에서는 2위나 3위 정도 되겠지만, 얼마나 일관성 있게 사적인 내용을 담고 있냐 하는 점에서는 당연히 1위다.

『닐스 보어 - 한 남자와 그의 과학, 그리고 그들이 바꾼 세상(*Niels Bohr: The Man, His Science, and the World They Changed*)』, 루스 무어(Ruth Moore) 지음, 뉴욕 알프레드 A. 크너프(Alfred A. Knopf), 1966년 출간.

> 쉽게 쓰인 보어의 전기. 조금 숨 가쁜 전개 방식은 진지한 역사학자들의 눈살을 찌푸리게 하지만, 일반 독자는 충분히 읽어볼 만하다.

『슈뢰딩거의 고양이를 찾아서 - 양자역학과 실재(*In Search of Schrödinger's Cat: Quantum Physics and Reality*)』, 존 그리빈(John Gribbin) 지음, 뉴욕 반탄 북스(Bantan Books), 1984년 출간.

내가 가지고 있는 이 책의 등이 갈라지고 책장이 온통 얼룩으로 가득 차 있는 걸 보면 내가 읽은 양자역학에 관한 책 가운데 이 책이 얼마나 유용한지를 단박에 알아챌 것이다. 정말 강력하게 추천한다.

『물리학을 흔든 30년 - 양자이론 이야기(*Thirty Years that Shook Physics: The Story of Quantum Theory*)』, 조지 가모(George Gamow) 지음, 뉴욕 가든 시티 더블데이사(Doubleday & Company), 1966년 출간.

20세기 초반에 활약한 물리학계 슈퍼스타들의 엄청난 일화들이 실려 있다. 가모도 당연히 그런 슈퍼스타 가운데 한 명이지만, 만화와 재미있는 글을 많이 남긴 작가이기도 하다. 《익살맞은 물리학지》에 많은 글을 실었다.

『닐스 보어의 철학 저술(*Neils Bohr Philosophical Writings*)』 1~4권, 닐스 보어, 코네티컷 우드브리지 옥스 보 출판부(Ox Bow Press), 1987~1998년 출간.

'원자물리학과 사람의 지식에 관한 에세이(Essays on atomic physics and human knowledge)'나 '인과 관계와 상보성(Causality and Complementarity)' 같은 소제목을 보면 보어가 물리학지뿐 아니라 다양한 잡지에 글을 실었다는 사실을 알 수 있다. 쉽게 읽히는 글은 아니지만, 조금만 훑어보아도 보어가 독자 대부분이 그저 건너뛰기를 바라는 어지러운 수학 공식을 사용하지 않고 글을 쓴다는 사실을 알 수 있다.

『닐스 보어와 물리학의 발전(*Niels Bohr and the Development of Physics*)』, 볼프강 파울리 편집, 뉴욕, 맥그로 힐 출판사(McGraw-Hill Book Co.), 1955년 출간.

이 기념논문집은 논문 기증자가 논문 기증을 자신의 업적에 한 줄 추가할 기회로 여기지 않고, 진정으로 보어에게 헌사하는 독특한 저작이다. 나는 그중에서도 하이젠베르크가 헌사한 논문을 가장 중요하게 생각한다. 하이젠베르크의 논문은 솔직하고 어렵지만 감동적이다.

『코펜하겐(*Copenhagen*)』, 마이클 프레인(Michael Frayn) 지음, 뉴욕 앵커 북스(Anchor Books), 1998년 출간.

먼저 연극을 보고 대본을 읽자. 정말 근사하다(PBS에서 각색해 멋진 텔레비전 프로그램으로도 만들었다. DVD 로 볼 수 있다).

비소설 대부분이 간직한 아주 근사한 장점은 제목만 보면 어떤 내용을 다루는지 분명히 알 수 있다 는 것이다(생각해보라. 『앵무새 죽이기』나 제임스 조이스의 『율리시스』 같은 제목을 보고 그 내용을 알 수 있는 사람이 얼마나 되겠는가?). 따라서 다음 책들은 책 내용은 언급하지 않고 제목만 소개한다. 『원자물리학(*The Atomic Scientists*)』 부르스(Boorse)·모츠(Motz)·위버(Weaver) 지음. 『물리법칙의 특성 (*The Character of Physical Law*)』 파인만 지음. 『양자이론 소개(*Introducing Quantum Theory*)』 맥에보이 (McEvoy)·자라테(zarate) 지음. 『불확정성(*Uncertainty*)』 캐시디(Cassidy) 지음. 『이상한 나라의 톰킨스 씨(*Mr. Tompkins in Wonderland*)』(물론 이렇게 이상한 이름도 있다!) 가모 지음. 『슈뢰딩거(*Schrödinger*)』 무어 지음. 아브라함 파이스의 모든 책. 『하이젠베르크의 전쟁(*Heisenberg's War*)』 파워스(Powers) 지음. 『원자폭탄 만들기 (*The Making of the Atomic Bomb*)』 로데스(Rhodes) 지음(맞다. 나는 항상 이 책을 추 천한다!). 『리제 마이트너(*Lise Meitner*)』 시엠(Siem) 지음. 『물리학의 세계(*The World of Physics*)』 위버 편찬.

참고 사이트

양자 파동이 움직이는 모습을 보고 싶다면 아주 멋진 '눈으로 보는 양자역학(Visual Quantum Mechanics)' 사이트를 방문하자. http://phys.educ.ksu.edu

좀 더 전통적인 모습을 보고 싶다면 http://www.physik.uni-augsburg.de/~wobsta/tippetop에서 뒤 집힌 팽이가 돌아가는 모습을 재현한 장면을 보자. 실제로 해보고 싶다면 정신을 바짝 차려야 한다. http://www.gt-labs.com을 방문하면, 사이트를 운영하는 한, 훨씬 많은 참고 자료를 볼 수 있다.

참고 논문

「닐스 보어의 철학(*The Philosophy of Niels Bohr*)」, 오게 페터슨(Aage Petersen), 『핵과학자 회보(*The Bulletin of the Atomic Scientists*)』 19호 7번 8~14쪽, 1963년 9월.

　『언어에 매달린 사나이』에 인용한 내용 가운데 제일 먼저 읽은 논문이다.

「보어는 핵의 비밀을 나누었는가?(*Did Bohr Share Nuclear Secrets?*)」, 한스 A. 베테·쿠르트 고트프리트(Kurt Gottfried)·로알드 Z. 사그디브(Roald Z. Sagdeev), 『사이언티픽 아메리칸(*Scientific American*)』 272호 5번 84~90쪽, 1995년 5월. 「과학자와 정치인 - 닐스 보어의 제2차 세계대전 정치학(*The Scientist and the Statesmen: Niels Bohr's Political Crusade during World War II*)」, 핀 오세루드(Finn Aaserud), 『물리학과 생물학 역사 연구(*Historical Studies in the Physical and Biological Sciences*)』 30호 1번 1~47쪽, 1999년. 「하이젠베르크는 보어에게 폭탄에 관해 어떤 이야기를 했을까?(*What Did Heisenberg Tell Bohr about the Bomb?*)」, 제레미 번스타인(Jeremy Bernstein), 『사이언티픽 아메리칸』 272호 5번 92~97쪽, 1995년 5월.

　제2차 세계대전 동안 보어가 휘말려야 했던 사건들을 전하는 굉장한 자료들이다.

「양자 원격작용(*Quantum Teleportation*)」, 안톤 차일링어(Anton Zeilinger), 『사이언티픽 아메리칸』 282호 4번 50~59쪽, 2000년 4월. 「1조 번 뒤엉킴(*Trillions Entwined*)」, 그레이엄 P. 콜린스(Graham P. Collins), 『사이언티픽 아메리칸』 285호 6번 26쪽, 2001년 12월.

　원격작용, 양자 얽힘, 큐비트(qubits) 같은 여러 양자적 기이함을 훨씬 자세히 알 수 있다. 심지어 '양자 원격작용'에는, 과학을 기술하는 품질인증마크인 만화도 한 쪽 실려 있다.

다음은 뉴욕 주립대학교 그래주어트 센터(Graduate Center)가 주관하고 2002년 3월 2일 수도 워싱턴에서 열린 '코펜하겐 심포지엄(Copenhagen Symposium)'에서 발표한 강연과 논문 들이다. 「1941년의 만남에 관한 하이젠베르크와 보어의 문서 자료 비교 주해(*Notes on Comparing the Documents of Heisenberg and Bohr Concerning their Encounter in 1941*)」, 제럴드 홀튼(Gerald Holton). 「프레인의 하이젠베르크- 진실인가 사실인가?(*Frayn's 'Heisenberg': Fact or Fiction*)」, 요헨 H. 하이젠베르크(Jochen H. Heisenberg). 「그림 혹은 역사가 수학이 아닌 이유(*The Drawing or Why History is Not Mathematics*)」, 제레미 번스타인. 「위대하고 심오한 어려움-닐스 보어와 원자폭탄('*A Great And Deep Difficulty': Niels Bohr and the Atomic Bomb*)」 리처드 로즈. 「먼 곳에서 만난 보어와 하이젠베르크(*The Bohr-Heisenberg Meeting from a Distance*)」, 핀 오세루드. 「양자역학에 관한 코펜하겐 해석에 관하여(*On the Copenhagen Interpretation of Quantum Mechanics*)」, 존 마버거(John Marburger).

　이 자료는 모두 http://web.gc.cuny.edu/ashp/nml/artsci/symposium.html에서 열람할 수 있고, 보어와 하이젠베르크의 만남에 관한 설명, 두 사람의 어색해진 관계, 두 사람이 만든 역사도 확인할 수 있다. 아버지를 기억하는 요헨 하이젠베르크의 글이 특히 애달프다.

원자이론의 연표

~기원전 400년	데모크리토스가 영원히 존재하며 보이지 않는 원자라는 철학 개념을 제시하면서, '존재'는 진공과 나란히 있다고 했다. 에피쿠로스가 이 개념을 확장했고, 시인 루크레티우스(서기전 98~55년)가 그 개념을 미완성 시집 『사물의 본성에 관하여』에서 다루었다.
1690년	크리스티안 하위헌스가 빛은 에테르를 통과하는 파동으로 이루어져 있다고 했다.
1704년	아이작 뉴턴이 빛은 아주 (아주) 작은 입자로 이루어져 있다고 했다.
1853년	요나스 옹스트룀(Jonas Ångstrom)이 수소 원자의 스펙트럼을 처음 관찰했다.
1869년	멘델레예프가 주기율표를 처음 작성했다.
1871년	어니스트 러더퍼드가 태어났다(8월 30일).
1879년	알베르트 아인슈타인이 태어났다(3월 14일).
1881년	J. J. 톰슨이 전하는 질량이 있다고 주장했다. 크리스티안 보어와 엘렌 아들러가 결혼했다(12월 14일).
1883년	제니 보어가 태어났다(3월 9일).
1885년	발머가 수소 스펙트럼을 구할 수 있는 공식을 발표했다. 닐스 헨리크 다비드 보어가 태어났다(10월 7일).
1887년	하랄 아우구스트 보어가 태어났다(10월 7일).
1890년	마르그레테 뇌르룬이 태어났다(3월 7일).
1897년	J. J. 톰슨이 전자를 발견했다.
1900년	볼프강 파울리가 태어났다(4월 25일). 플랑크가 흑체복사에 관한 법칙을 발견해 양자 혁명을 일으켰다.
1901년	베르너 하이젠베르크가 태어났다(12월 5일).
1903년	닐스가 가멜홀름 그래머스쿨을 졸업하고 코펜하겐대학교에 입학했다.
1905년	아인슈타인 기적의 해. 광자 이론을 구상하고(3월), 상대성원리에 관한 첫 번째 논문을 작성하고(6월), $E=mc^2$을 발표했다(9월).
1906년	러더퍼드가 알파입자 산란 현상을 발견했다.
1907년	닐스가 액체의 표면장력에 관한 논문으로 금상을 받았다.

크리스티안 보어가 노벨상 생리의학상 후보에 올랐다(1908년에도 역시 후보에 올랐다).

1909년   닐스가 마르그레테를 만났다.
          닐스가 석사 학위를 받았다(12월 2일).

1910년   닐스와 마르그레테가 약혼했다.
          하랄이 수학 박사 학위를 받았다.

1911년   크리스티안 보어가 세상을 떠났다(2월 3일).
          러더퍼드가 원자핵모형을 발표했다(3월 7일).
          닐스가 금속에 관한 전자론으로 박사 학위를 받았고(5월 13일), J. J. 톰슨에게
          배우고자 영국으로 떠났고(9월), 맨체스터에 있는 러더퍼드의 연구실로
          옮겼다(12월 8일).

1912년   맨체스터에서 돌아온(3월) 닐스는 코펜하겐 물리학과 교수직에 지원하지만,
          뽑히지 못한다(3~4월). 닐스와 마르그레테가 슬라겔세에서 결혼한다(8월 1일).
          닐스가 객원 강사가 되고, 공과대학교 연구실에 나간다(9월).

1913년   닐스가 수소에 관한 양자론 논문을 완성했고(4월, 출간은 7월에 했다),
          베타붕괴가 핵반응임을 입증했고(8월), 처음으로 대응원리를 어렴풋이
          암시한다(12월).

1914년   닐스가 덴마크 정부에 자신을 위해 이론물리학과 교수 자리를 마련해달라고
          청원한다(3월 13일).
          프랑크와 헤르츠가 양자 도약이라는 닐스의 생각을 입증하는 실험을 한다(4월).
          닐스가 맨체스터를 두 번째로 방문하고, 부교수가 된다(8월).

1916년   엡스타인(Epstein)과 슈바르츠실트(Schwarzschild)가 슈타르크 효과에 관한
          이론을 발표해, 또다시 닐스의 이론을 입증한다(3월).
          크라메르스가 코펜하겐에 온다(가을).
          닐스의 아들 크리스티안이 태어난다(11월 25일).

1917년   닐스가 이론물리학을 연구할 물리학 시설을 세워달라고 청원한다(4월 18일).

1918년   닐스가 대응원리를 더욱 정교하게 다듬는다(4월). 한스가 태어난다(4월 7일).

1919년   베티 슐츠가 닐스의 조수가 된다(1월 2일). 러더퍼드가 원소의 인공 변환을
          관찰한다.

1920년   베를린에서 닐스가 플랑크와 아인슈타인을 만난다(4월).
          에리크가 태어난다(6월 23일).
          아인슈타인과 러더퍼드가 코펜하겐에 온다(8~9월).

1921년   코펜하겐 이론물리학 연구소가 문을 연다(3월 3일).

1922년	닐스가 괴팅겐에서 강연을 열고, 하이젠베르크와 파울리를 만난다(6월). 오게가 태어난다(6월 19일). 닐스가 '원자의 구조와 원자가 방출하는 복사선을 연구한 공로'로 노벨상을 받는다. 가을 초, 파울리가 코펜하겐 연구소를 찾아와 다음 해 가을까지 머문다.
1923년	아인슈타인이 코펜하겐에 온다(7월). 미국에 간 닐스가 록펠러자선재단과 접촉한다. 루이 드브로이(왕자)가 물질의 입자·파동 이중성을 발표한다(9월).
1924년	보어, 크라메르스, 슬레이터가 통계적으로만 보존되는 원자 과정이라는 급진적인 개념을 발표했다(2월). 보어-크라메르스-슬레이터의 가설을 실험으로 입증하는 데 실패한다(4~5월). 에르네스트가 태어났다(3월 7일). 하이젠베르크가 코펜하겐에 도착했고(부활절), 본격적으로 보어 연구소에서 연구를 시작했다(9월~1925년 4월). 닐스가 직접 강의하는 것을 영원히 그만두었고, 덴마크 학계는 크게 안도했다. 보어 가족이 티스빌데에 여름 별장을 샀다.
1925년	파울리가 배타 원리를 발표했다(1월). 하이젠베르크가 양자역학에 관한 자신의 첫 번째 논문을 발표했다(7월 25일).
1926년	슈뢰딩거가 파동역학에 관한 자신의 첫 번째 논문을 발표했다(1월 26일). 하이젠베르크가 두 번째로 코펜하겐을 찾았다(1927년 5~6월). 디랙이 코펜하겐에서 양자전자역학에 관한 첫 번째 논문을 쓰고, 모든 사람의 생각을 바로잡아주었다(12월).
1927년	데이비슨과 거머가 처음으로 전자회절 현상을 관찰했다(3월 3일). 하이젠베르크가 코펜하겐에서 쓴 불확정성원리에 관한 논문을 발표했다(3월 23일). 닐스가 이탈리아 코모(Como)에서 상보성에 관해 말했다(9월 16일). 제5차 솔베이 회의 때 아인슈타인이 처음으로 공개적으로 양자역학을 반대하고 나섰다(10월 24~29일).
1928년	하랄이 태어났다(3월 12일).
1929년	보어 연구소에서 처음으로 국제물리학회가 열렸다(4월).
1930년	제6차 솔베이 회의의 절정은 뭐니 뭐니 해도 아인슈타인이 제시한 '시계 장치 상자'와 보어의 반론이었다(6월 20일). 엘렌 보어가 세상을 떠났다(11월 30일).
1931년	조지 가모가 코펜하겐에서 이론핵물리학에 관한 그의 첫 번째 책을 쓰고 많은 만화를 그렸다(5월).
1932년	제임스 채드윅이 중성자를 발견했다(2월). 닐스가 '빛과 생명' 강연을 했다(8월).

보어 가족이 에레스보리그로 이사했다.

1933년   공무원법(Beamtengesetz)이 발효되면서 독일 대학에서 많은 사람이 인종이나
          정치적 이유로 해고되었다(4월 7일).
          닐스와 하랄이 피난 지식인을 지원하는 덴마크위원회 위원이 되었다.
          제니가 세상을 떠났다(5월 5일).

1934년   유도 방사능을 발견했다(1월).
          하랄이 보어 연구소 옆에 수학 연구소를 열었다(2월 8일).
          크리스티안이 배를 타다가 사고로 세상을 떠났다(7월 2일).
          피난 온 프랑크와 헤베시가 코펜하겐 연구소에 들어왔다(4월과 10월).

1935년   아인슈타인, 포달스키, 로젠(EPR)이 논문을 발표해 EPR 역설을 제시했다.
          보어가 그에 답했다.

1936년   닐스가 복합핵 이론을 발표했다.

1937년   닐스가 미국, 일본, 중국, 소련 같은 세계 여러 나라를 돌면서 강연했다.
          러더퍼드가 세상을 떠났다(10월 19일).
          닐스가 헬싱외르에서 강연했다.

1938년   보어 연구소에서 공식적으로 원자가속기 부서를 개설했다.
          닐스가 상보성과 인간의 문명에 관한 글을 썼다.

1939년   한과 슈트라스만이 중성자로 우라늄을 맞추면 바륨이 생긴다는 사실을
          발표했고(1월 6일),
          마이트너와 프리슈가 그 현상이 핵분열임을 밝혔다(1월 16일).
          닐스(그리고 페르미)가 미국에서 강연하는 동안 핵분열에 관해 언급했다(1월 26일).
          닐스가 235우라늄의 핵분열은 느린 중성자 때문이라고 주장했고,
          곧 핵분열에 관한 보어–휠러 이론을 발표했다(2월 7일).
          제2차 세계대전이 발발했다(9월 1일).

1940년   닐스가 노벨상 메달을 핀란드 구호단체에 기증했다(1월).
          프리슈와 파이얼스가 원자무기를 만들 수 있다고 했다(2월~3월).
          독일이 덴마크를 점령했다(4월 9일).

1941년   하이젠베르크가 덴마크에 왔다(10월).
          프랭클린 D. 루스벨트 대통령이 맨해튼 프로젝트를 승인했다(10월 9일).

1943년   제임스 채드윅이 닐스를 영국에 초대했지만, 닐스가 거절했다(2월).
          닐스와 마르그레테가 스톡홀름으로 달아났다(9월 29일).
          닐스가 런던에 도착했고, 곧 오게도 왔다(10월 6일).
          카피차가 닐스를 소련에 초대했다(10월 28일).
          닐스와 오게가 미국으로 떠났다(11월 28일).
          닐스가 레슬리 그로브스 장군, 아인슈타인, 카우프만(Kaufmann),

할리팩스(Halifax)를 만나 열린 세상에 관해 설명했다(12월).

1944년	닐스는 2월에 대법관 프랭크퍼터를 만났고, 5월 16일에는 런던에서 처칠을 만났고, 8월 26일에는 워싱턴에서 루스벨트 대통령을 만났다. 처칠과 루스벨트 대통령은 닐스의 제안을 거절했다(9월 18일).
1945년	독일이 덴마크에서 철수했다(5월 4일). 유럽 전승 기념일(5월 8일). 인류 최초로 핵실험(트리니티) 실시(7월 16일). 히로시마 원자폭탄 투하(8월 6일). 나가사키 원자폭탄 투하(8월 9일). 열린 세상을 염원하는 보어의 첫 번째 글 「과학과 문명」이 『런던 타임스』에 실림. 대일본 전승 기념일(8월 14일). 닐스가 덴마크로 돌아왔다(8월 25일). 코펜하겐으로 소련인이 닐스를 찾아왔다(11월).
1947년	닐스가 코끼리 훈장을 받았다(10월 7일).
1950년	닐스가 국제연합에 공개편지를 썼다(6월 9일).
1951년	닐스의 동생 하랄이 세상을 떠났다(1월 22일).
1952년	닐스가 세른(CERN) 이론물리학부 초대 연구소장이 됐다(가을).
1955년	닐스가 교수직을 사임했다(4월 1일). 아인슈타인이 세상을 떠났다(4월 18일).
1956년	닐스가 국제연합에 두 번째 공개편지를 썼다(11월 9일).
1957년	닐스가 제1회 원자력평화이용상를 받았다(10월 1일).
1958년	닐스가 뢰소(Røso) 연구소를 열었다(6월 6일). 파울리가 세상을 떠났다(12월 15일).
1962년	닐스가 세상을 떠났다(11월 18일).
1965년	코펜하겐 이론물리학 연구소 이름을 닐스보어연구소로 바꿨다.
1975년	오게가 원자핵의 집합적 구조 모형으로 노벨상을 탔다.
1976년	하이젠베르크가 세상을 떠났다(2월 1일).
1984년	마르그레테가 세상을 떠났다(12월 21일).

찾아보기

닐스 보어에게 귀 기울이기

나는 닐스 보어의 음성을 음질이 나쁜 테이프에 녹음된 것으로만
들었다. 그것은 마치 따사로운 늦여름날 거대한 호숫가에 서 있는
것과 비슷한 경험이다(나는 미시건 주에서 살기 때문에 그런
경험을 할 기회가 많다).

처음에는 소나무 숲을 거닐다가 변덕스럽지만 일정하게 밀려오는
초저녁 물결 소리를 들으며 더는 서 있지 못하고 자리에 앉아
무릎에 턱을 대고 두 손으로 무릎을 감싸 안는다. 그러다 살며시
드러누워 구름을 쳐다보고, 결국에는…….

그러니까, 테이프를 듣다가 어느 순간 잠이 든다는 말이다.
하지만 보어의 웃음소리에 잠에서 깨어난다. 내가 듣고 있는
보어의 인터뷰들은 그가 죽기 며칠 - 어떤 것은 몇 시간- 전에
녹음한 것인데도 그는 삶을 즐기고 자신이 발견한 내용이 갖는
기이한 함의에 기뻐하며 훨씬 젊은 사람처럼 웃는다. 보어가
웃는 몇 초 동안, 숨소리가 섞인 느리고 깊은 보어의 음성은 좀 더
활기차고 빨라진다.

……그리고 다시 보어가 말을 하면 내가 가장 근사한 부분을
놓쳤다는 확신을 하게 된다. 그리고 다시 보어가 말을 하면 더
많은 바람과 물결이 밀려와 거의 기억해야 할 근사한 부분에서
나를 저만치 밀어내 버린다.

작가 소개

짐 오타비아니는 원자력 기술자가 되고자 공부하면서 보어를 처음 알았다. 지금은 공학도가 아닌 대학교 사서로 근무하고 있다. 『원기 왕성한 과학 - 과학자 이야기(*Two-Fisted Science: Stories about scientists*)』, 『위엄 있는 과학 - 여성 과학자 이야기(*Dignifying Science: Stories about women scientists*)』,  『낙진(*Fallout: J. Robert Oppenheimer, Leo Szilard, and the political science of the atomic bomb*)』 같은 책을 쓰느라 밤늦게까지 잠들지 않는다. 지금은 공룡, 카우보이, (나쁜) 과학자에 관한 진짜 이야기를 쓰면서 (대부분) 시간을 보낸다. 이 책에 관해서는, 원고에 생명을 불어 넣어준 그림 작가들, 그중에서도 특히 릴런드에게 감사의 말을 전한다. 내 물리학 지식을 살펴준 데이브 모런과 크리스 올슨, 미국물리학회 닐스보어기록보관소의 케이티 헤이스, 닐스보어연구소의 펠리시티 포스와 핀오세르우드, 인쇄 및 디자인을 담당한 수전 스카스가드, 웨슬리 태너, 내 원고를 점검해준 린다 메들리, 처음부터 지원해주고 격려해준 앤더스 바라니, 그리고 그 누구보다도 캐트에게 특별히 감사의 말을 전한다.

릴런드 퍼비스는 1991년 포틀랜드 주립대학원에서 미술사 학사 학위를 받았다. 독학으로 시각예술과 스토리텔링을 공부하고, 2000년 자비로 단편만화집 『폭스(*Vox*)』를 출간했고, 그해 제릭상(Xeric Grant)을 수상했다. 퍼비스가 만든 만화 캐릭터 푸보(Pubo)는 최근 다크호스코믹스 대형 페이퍼백 시리즈로 다시 출간되었다. 무엇보다도 이 프로젝트에 참여할 기회를 주고 결과가 나올 때까지 오래 기다려준 짐, 소중한 의견을 주고 지원해준 스티브 리버, 작업실을 제공해준 포틀랜드의 머큐리스튜디오, 차분하게 집중할 수 있도록 도와준 레이에게 항상 고맙다는 말을 하고 싶다.

제이 허슬러('외전'과 '시계 장치 우주')는 주니아타대학교 생물학 부교수로 신경생물학과 무척추생물학을 가르친다. 꿀벌의 일생을 그린 자신의 첫 번째 그래픽 노블인 『꿀벌가문 족보제작 프로젝트(*Clan Apis*)』(김기협 옮김, 서해문집, 2012년)로 제릭상을 받았으며, 아이스너상(Eisner Awards)에 다섯 번, 이그나츠상(Ignatz Awards)에 세 번 후보로 올랐고, 2000년 청년출판협회 그래픽노블 베스트 25에 뽑혔다. 두 번째 책 『모랫길 모험(*The Sandwalk Adventures*)』은 찰스 다윈과 다윈의 왼쪽 눈썹에 사는 모낭진드기가 진화, 자연선택, 신화 창작과 스토리텔링에 관한 이야기를 나눈다.

로저 랜그리지(Roger Langridge)(www.gt-labs.com/suspended.html) '양자 얽힘. 무
시무시한 원격작용, 텔레포트와 당신은 1988년부터 전문적으로 만화를 그리고 있
다. 마블, DC, 다크호스, 플리트웨이/2000AD, 헤비메탈, 데드라인, 판타그래픽스
같은 유명한 만화 출판사와 함께 일한다. 펭귄, 하이네만, 호더 출판사에서 삽화 작
업을 하며, 스위스 우체국 공익 광고를 만들었다. 아이스너상에 두 번, 이그나츠상에 한 번 후보로 오
른 『광대 프레드(Fred the Crown)』을 자비로 출간했다. 『광대 프레드』 웹 버전은 2003년 영국국립만화
상이 주는 최고 온라인만화상을 받았다.

스티브 레이알로하('원자와 진공, 시와 광기')는 1970년대 초부터 만화를 그렸으
며, 크고 작은 만화 회사에서 엑스맨, 스파이더맨, 스타워즈, 슈퍼맨, 배트맨, 하워
드 덕, 닥터 스트레인지 같은 만화 작업을 했다. 잉크로 작업한 작품이 유명하지만
(특히 상을 받은 『이야기들(Fables)』이 그렇다) 연필로도 그림을 그리며 그래픽디자
인도 한다.

린다 메들리('모방예술', '아, 그 디랙', '끼사 고타미', '편자', '하이젠베르크의 회
고록')는 많은 비평가의 호평을 받고 아이스너상을 여러 번, 제릭상을 한 번 수상한
『기다리는 성(Castle Waiting)』의 저자다. 샌프란시스코예술대학 일러스트레이션과
에서 학사 학위를 받은 뒤 큰 출판사에서 어린이 책 삽화와 만화를 그리고 있다.

제프 파커('간단한 수학', '슬레이터', '완장')는 이스트캐롤라이나대학교에서 문
학 및 통신 학위를 받았으며, 일러스트를 그리기 전까지 영어를 가르쳤다. 지난
10년 동안 큰 만화 회사와 함께 일했으며, 소니애니메이션에서 스토리보드 작가
로 일했다. 2003년에 엄청난 과학 암류를 다룬 어드벤처 그래픽 노블 『인터맨(The
Interman)』을 발표해 호평을 받았다. 현재 『인터맨』은 파라마운트에서 영화로 제작하고 있다.

옮김 김소정은 대학에서 생물을 전공했고 과학과 역사책을 즐겨 읽는다. 과학과 인문을 접목한, 삶을
고민하고 되돌아볼 수 있는 책을 많이 읽고 소개하고 싶다는 꿈이 있다. 월간 ≪스토리문학≫에 단편
소설로 등단했고, 현재 새로운 글쓰기를 위해 노력 중이다.

이 도서의 국립중앙도서관 출판시도서목록(CIP)은
서지정보유통지원시스템 홈페이지(http://seoji.nl.go.kr)와 국가자료공동목록시스템(http://www.nl.go.kr/kolisnet)에서
이용하실 수 있습니다. (CIP제어번호: CIP2015007924)

닐스 보어
20세기 양자역학의 역사를 연 천재

초판 1쇄 발행 2015년 4월 2일
초판 3쇄 발행 2022년 6월 10일

글   짐 오타비아니
그림   릴런드 퍼비스
옮김   김소정
감수   이강환
펴냄   윤미정

디자인 강현아(mintmind@empas.com)

펴낸곳 푸른지식 출판등록 제2011-000056호 2010년 3월 10일
주소 서울특별시 마포구 월드컵북로 20(동교동) 삼호빌딩 303호
전화 02)312-2656 팩스 02)312-2654
이메일 dreams@greenknowledge.co.kr
블로그 www.gkbooks.kr

ISBN 978-89-98282-22-6 03400